건축, 詩로 쓰다

건축, 詩로 쓰다

건축, 詩로 쓰다

건축, 詩로 쓰다

2010년 3월 15일 1판 1쇄 발행
2010년 3월 20일 1판 1쇄 발행

지은이 이 동 언
사   진 조 명 환
펴낸이 강 찬 석
펴낸곳 도서출판 **미세움**
주   소 121-856 서울시 영등포구 신길동 194-70
전   화 02)844-0855 팩 스 02)703-7508
등   록 제313-2007-000133호

ISBN 978-89-85493-38-3   03540

정가 18,000원

건축, 詩로 쓰다

이 동 언 글 | 조 명 환 사진

美세움

책을 내면서

건축이론 비평집을 매년 한 권씩 내기로 결심을 하고 있었다. 『삶의 건축과 패러다임 건축』, 『시를 통해 부산건축 새롭게 읽기』, 이 두 권을 낸 후 거의 절필하다시피 하고 살았다. 이런 저런 사정 때문이었다. 쓰고 싶은 마음은 간절했지만 그렇게 할 수 없었다. 이제 낸다, 이론비평집 제 3권을. 그것도 내 뜻이 아니라 여건이 허락되었기 때문이다. 이제야 세상사가 자신의 계획대로 이루어지지 않음을 안다.

이 책은 격월간지 『예술부산』 '부산의 건축물'에 2009년 한 해 동안 연재된 것과 2010년 1~2월호에 실린 것을 모아 놓은 것이다. 우리 건축잡지가 근래에 와서 외국 건축물을 위주로 하여 지면을 할애하므로 우리 건축에 대한 비평이 거의 부재하다고 보는 것이 맞을 것이다. 국제화 바람 탓이리라. 이제 건축잡지에서는 아예 한글은 보기 힘들고 영어가 판을 친다. 그것도 외국 건축물의 소개 일색이지 이론비평은 보기가 힘들다. 한 때 무성했던 건축에 대한 담론들은 흔적조차도 없다. 어떤 때는 과연 이래도 되는가 하는 생각이 든다.

우리 사회의 비판문화에 대해 이렇게 말하고 싶다. 좋은 말로 하면 무덤덤하고, 똑바로 이야기 하면 무반응이고, 비판적으로 말한다면 멍하다. '무덤덤'하다는 말은 세상을 초월한다는 말이고 '무반응'은 관심이 없다는 말이고 '멍'하다는 말은 어딘가에 혼이 빠져 시시비비를 가릴 줄 모르는 상태에 있음을 이야기한다. 『예술부산』에 연재한지가 벌써 14개월이 지났음에도 불구하고 필자에게 들려오는 소리가 전혀 없다. 혼자서 지르는 소리를 듣는 것도 하루 이틀이지 이젠 질린다. 하도 반응이 없어 책으로 낸다. 부피가 크면 반응이 좀 나올까 싶어서다.

　독자의 무반응은 저자에게 수치심을 유발시킨다. 신문이나 잡지에 글을 내었을 때 독자가 무반응을 보일 때는 쥐구멍에라도 들어가고 싶은 심정이다. 이번 책만은 그렇게 되지 않기를 빌어본다. 시인 김기택의 시, 〈소〉는 필자의 그런 심정을 잘 대변해준다.

　　　소의 커다란 눈은 무언가 말하고 있는 듯한데
　　　나에겐 알아들을 수 있는 귀가 없다.
　　　소가 가진 말은 다 눈에 들어 있는 것 같다.

　　　말은 눈물처럼 떨어질 듯 그렁그렁 달려 있는데
　　　몸 밖으로 나오는 길은 어디에도 없다.
　　　마음이 한 움큼씩 뽑혀나오도록 울어보지만
　　　말은 눈 속에서 꿈쩍도 하지 않는다.

　　　수천만 년 말을 가두어 두고
　　　그저 끔벅거리고만 있는
　　　오, 저렇게 순하고 동그란 감옥이여.

　　　어찌해볼 도리가 없어서
　　　소는 여러 번 씹었던 풀줄기를 배에서 꺼내어
　　　다시 씹어 짓이기고 삼켰다간 또 꺼내어 짓이긴다.

　　　　　　　　　　　　　『소, 김기택 시집』, 문학과 지성사, 2007, p.17)

"…씹어 짓이기고 삼켰다간 또 꺼내어 짓이긴다." 이러한 결과물이 바로 이 책이다. 참으로 정성을 다해 쓴 글이다. 에피소드 1에서는 〈부산국립국악원〉을 전통의 재활성화 관점에서 다루었다. 에피소드 2에서는 부산의 문화골목을 도시재생의 관점에서 다루었다. 에피소드 3에서는 침묵의 관점에서 뉴욕연합치과를 비평했다. 에피소드 4에서는 통도사 자장암을 타자성의 관점에서 해석·비평했다. 에피소드 5에서는 연산동 자이갤러리를 됨becoming의 각도에서 평했다. 에피소드 6에서는 해운대신세계·롯데백화점 센텀시티점을 하이데거M. Heidegger의 사역fourfold이란 조망점에서 인간의 욕망과 상호비교하면서 비평했다. 부산대학교 음악관을 에피소드 7로서 퓨전과 크로스오버의 관점에서 평했다.

글을 쓰면서 건축인이 아닌 일반인들도 쉽게 읽을 수 있도록 하여야 한다는 강박관념이 내내 따라다녔다. 이번 책을 계기로 건축이 더 이상 건축의 세계에만 안주하는 것이 아니라 삶의 세계로 내려와 일반인들과 깊은 대화를 나누었으면 좋겠다고 생각했다. 글 못지않게 사진 또한 심혈을 기울였다. 『예술부산』에 지면관계상 싣지 못한 사진들 가운데 일부를 선택하는 작업은 건축사진작가 조명환님의 몫이었다. 그는 정말 프로였다. 사진작업 전에 철저히 필자의 원고를 완독한 다음에 그것을 해석하여 자신의 사진 시나리오로 구성한 다음에 현장으로 갔다. 일기불순 등의 이유로 작업이 곤란할 때 현장조건이 완벽해지기까지 기다리는 모습은 참으로 프로다웠다. 그의 직업정신에 경의를 표한다.

마지막으로 『부산예술』의 편집주간이신 하주희님도 여러모로 도움을 주셨다. 출판을 흔쾌히 허락하신 미세움 출판사 사장이신

강찬석님께도 은혜를 입었다. 전경은 아니지만 필자의 배경이 되어 힘이 되어준 가족, 동료, 제자, 지인들에게도 감사를 표한다. 시인 변의수님께도 감사드린다. 먼 배경으로부터 오는 경치가 풍경화를 더 그것답게 하는 것처럼 멀리서 오는 배경적 도움은 우리의 삶을 더욱 삶답게 한다.

2010년 2월
저자 이 동 언

차 례

Episode **1**

마 당 에 서 ,

꼬 끼 오 ! 우 는

대 한 민 국

회 중 시 계

커뮤니티를 향해 최대한 열려있는 마당

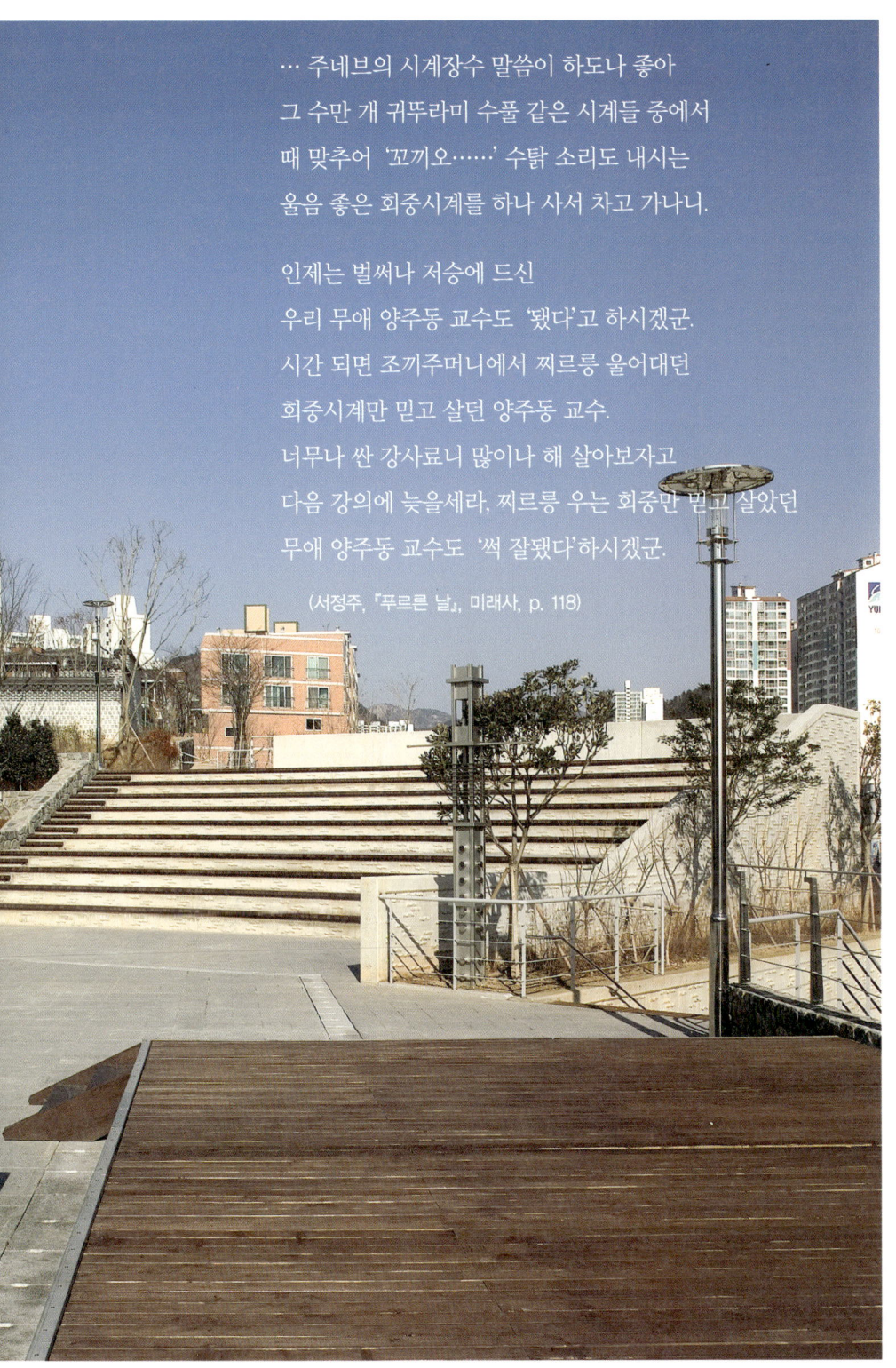

… 주네브의 시계장수 말씀이 하도나 좋아
그 수만 개 귀뚜라미 수풀 같은 시계들 중에서
때 맞추어 '꼬끼오……' 수탉 소리도 내시는
울음 좋은 회중시계를 하나 사서 차고 가나니.

인제는 벌써나 저승에 드신
우리 무애 양주동 교수도 '됐다'고 하시겠군.
시간 되면 조끼주머니에서 찌르릉 울어대던
회중시계만 믿고 살던 양주동 교수.
너무나 싼 강사료니 많이나 해 살아보자고
다음 강의에 늦을세라, 찌르릉 우는 회중만 믿고 살았던
무애 양주동 교수도 '썩 잘됐다' 하시겠군.

(서정주, 『푸르른 날』, 미래사, p. 118)

▌소공연장 주출입구 바로 앞에 위치한, 우리의 옛 악기를 모티브로 한 오브제들

뒷마당(한국 정원)의 모습. 기능을 잃어버리고 형상만 남은 우리 굴뚝이 유난히 눈에 들어온다

우리의 정서가 서구의 근대기술을
흡입함이야말로
전통의 재활성화를 암시하는 것이다.

회중시계를 통해 전통이 살아있음을 확인한다

이 시의 제목은 「'꼬끼오!'우는 스위스 회중시계」다. 고인이 된
서정주 시인의 작품 일부다. 회중시계가 '꼬끼오…'하고 우니 참으
로 재미있는 현상이 일어난다. 지나온 수천 년간 우리에게 익숙해
진 닭 울음소리와 서구 기술로 만들어진 회중시계의 '꼬끼오!'라
는 당찬 소리에 시계는 우리의 것처럼 바뀌고 만다. 양주동 교수가
'썩 잘됐다' 하시는 이유가 바로 여기에 있다. 서구 기술의 우리화
化. 우연 일치로 우리 정서가 가장 잘 스며든 한국형 회중시계를
스위스에서 획득함이야 말로 시인의 기쁨만 아니라 우리의 전통
을 지키는 양주동 교수의 기쁨이리라. 서정주 시인이나 양주동 교
수는 회중시계를 통해 전통이 살아있음을 확인한다. 우리의 정서
가 서구의 근대기술을 흡입함이야말로 전통의 재활성화를 암시하
는 것이다. '꼬끼오!'가 워낙 오래된 풍부한 이미지를 제공해주므
로 회중시계는 그 속에 녹아든다. 서구의 것에서 우리의 소리가 가
득 찬 것을 외국에서 발견힌 기쁨으로 인해 두 분은 정말로 하늘
을 날 듯한 느낌을 받았을 것이다.

그분들의 기쁨은 무엇보다도 서구의 기술에 압도되어가는 우리 것들이 역전승을 거둘 수 있을 것이라는 사실이다. 위의 시에서 확인할 수 있는 것은 이미 오래전에 다시 말하면, 서정주 시인이 살았던 시대에도 우리 전통이 곧 서구의 기술을 압도하리라는 것을 알고 있었다는 것이다. 이와 같은 맥락으로 건축에서도 '꼬끼오!'라는 오래되고, 야무진 소리가 근·현대 기술을 포괄하기 시작했다. '꼬끼오!'의 소리가 기술을 앞지를 수준이 되어야만 우리의 혼, 즉 전통이 살아서 움직인다고 볼 수 있다. 이는 결국 전통과 기술의 융합의 문제다. 화학적 융합 과정에서 우리의 정서를 빌려 기술을 능수능란하게 다룰 수 있는 시점에 이미 와 있다.

국립부산국악원에서 전통과 기술의 만남이 어떻게 이루어졌는가

건축도 한 가지다. 전통과 건축기술이 어떤 상태로 만나는가에 따라 전통이 현시대에 다시 살아날 수도 있고 인간이 축출된 건축기술로 인해 혼이 없는 건축만 남을 수도 있다. 국립부산국악원 역시 전통과 건축기술의 만남이 어떻게 이루어졌는가가 핵심이다.

▍현대건축과 고건축의 묘한 만남. 옛것과 새것을 조화롭게 혼용한 건축언어들이 없을까?

전통을 재현한 내부공간의 모습.
현재 우리 건축의 위치를 묘하게 암시하고 있다

대공연장 주출입구, 의자들의 배열이 유난히 눈에 띈다.
부챗살 모양을 닮은 천장 일부가 한국의 처마를 연상하게 한다

우선 배치, 건물, 형태의 골격을 그리고 내외부 공간을 전통과 기술의 만남의 관점에서 다룬다. 당선작의 설계경기 초기설계설명서에 따르면 '국악의 음악적 특성을 건축언어로 해석'이 주된 주제이나 '국악의 음악적 특성'이란 바로 우리의 전통이자 삶의 특징으로 본다면, 결국은 전통 해석의 문제이다. 결국 건축기술을 전통으로 어떻게 해석하는가의 문제이다. 그래서 남북방향의 긴 축을 중심으로 좌우를 건물부분solid, 陽과 마당부분void, 陰으로 나누고 북고남저의 대지형상에 맞추어 건물부분은 교육관리동, 소공연장,

대공연장 순으로, 마당부분은 바깥마당, 사랑마당, 안마당, 뒷마당 한국정원 순으로 배치하였다. 탁월한 배치이다. 대지, 전통마당개념, 주위에 대한 고려 등이 일순간에 동시적으로 결합하여 만들어진 배치이다. 대지의 절묘한 해석이 유난히 눈에 띤다. 다만 동·남쪽 앞면의 허함이 안마당에 서면 관람자에게 밀려온다. 국악의 특유의 허함 탓일까? 건물부분과 마당부분의 배치가 이렇게 골격을 이룬다. 적어도 마당배치에서는 '꼬끼오!'가 우렁차다.

▌전통을 재현한 내부공간의 모습, 재현에서 표현(presentation)으로 가는 길이 이리도 멀까?

26

대공연장의 모습. 어떤 공연을 해도 어울릴 것 같다.

건물배치 골격에서는 "찌르릉!" 소리가 난다

건물의 배치골격은 다음과 같다. 대공연장698석 규모을 대지의 안쪽에 두고 소공연장276석 규모은 대공연장 아래 부분에 두고 한 변이 긴 직사각형의 매스로 서로 연결된다. 건물 전체가 원형 및 직사각 박스들의 조합으로서 구성되어 있어 플라톤의 이데아적 완결성이 보인다비완결성이 오히려 한국전통건축의 특징 중의 하나. 대 · 소공연장은 국악 전용 공연장으로 다른 공연장과 별반의 차이가 없다. 조금만 변형을 주면 국악 외에 다른 공연장으로도 사용함 직하다. 건물의 배치골격에서는 '찌르릉!' 소리가 난다.

초기설계 설명서에 의하면 입면디자인의 방향은 다음과 같다. "지형에 순응하는 스카이라인, 밝고 가볍고 흥겨움, 전통선축의 요소들을 디자인 모티브로 도입한 조형 등이다. 입면의 개념은 단일성부單一聲部의 변조로서 창호의 단순미와 반복, 재료의 반복을 기법으로 사용한다. 또 다른 입면개념인 낙樂, 가歌, 무舞의 통합을 구현화하기 위해 실내외가 일관적인 어휘를 사용한다. 또한 기본디자인 요소 사용에 있어서 반복과 중첩의 효과연출이 구사된다." 그러나 교육관이 본 설계 그리고 시공상에 빠지므로 입면디자인의 방향성은 상실된 것처럼 보인다.

국립부산국악원에서 가장 흥미를 끄는 것은 설계경기 초 기설계설명서에 나온다. 그것은 전통마당을 통한 소리찾기 이다. "바깥마당에서 옛소리가 희미하게 들려오고 사랑마 당에서 그것을 인지하고 안마당에서 그것을 확인하고 뒷마 당한국정원에서 그것의 여운을 즐긴다. 그리고 기존 수풀에 서 자연을 통해 옛소리를 깨닫게 된다." 참으로 멋진 발상이 다. 공간을 음의 세계, 더구나 옛소리로 채우는 일은 즐거운 일이다. 마당에 대한 기가 막힌 해석이다. 그러나 실제는 해 석처럼 이루어지지 않고 있으니 안타까운 일이다.

국립부산국악원은 커뮤니티에 열린 공간이다. 북쪽, 서쪽 의 주택가와 남쪽, 동쪽의 도로와 시각적으로 기능적으로 열려있다. 그러다보니 너무나 열리어 웬지 허전한 느낌을 준다. 마치 아낌없이 주는 나무처럼 건물부분을 제외하고 철저히 커뮤니티에 내어주는 형국이다. 너무나 박애정신이 강하여 건물이 옷마저 내어주어 추운 겨울에 벌벌 떠는 형 국이다.

국악을 포함해서 우리 것들의 특색은 은근히 드러냄이다. 옛 사찰이나 주거의 특징 중의 하나도 숨김 속에 살며시 드 러냄이다. 즉 전경으로 잘 드러나지 않고 배경으로 숨어서 드러난다. 그런데 국립부산국악원은 드러냄 그 자체이다. 그것도 적나라하게 말이다. 아마 커뮤니티에 대한 열림 때 문인 듯하다. 아마도 남북으로 긴 북고남저의 대지형상도 그 열림에 일조하였을 것 같다.

사물놀이하는 상이 국립부산국악원 전체를 암시하고 있는 듯하다.
뒤쪽에 앉아있는 노인과 묘한 대조를 보인다

　마지막으로 국립부산국악원 내·외부 공간을 주마간산 격으로 훑어보자. 건물 내부 곳곳에 한국적 문양과 특색을 지닌 문과 벽이 잊을 만하면 나타난다. 그래서 우리의 정서와 내부공간이 자연적 결합, 즉 화학적 결합이 아니라 물리적 결합이다. 우리의 '꼬끼오!' 소리가 내부공간 전체를 감싸고 있지 않고 '찌르릉!' 소리가 자주 들리는 까닭이리라. 마당에 설치한 에스컬레이터는 좀 의아스럽다. 에스컬레이터로 인해 우리의 외부공간의 정서가 마당에 정착하지를 못한다. 소리를 즐기러 마당을 거닌다면 늦음의 미학의 극치이다. 더구나 군데군데 설치된 사각형의 연못 및 소리를 연

상하게 하는 조형물 등을 고려한다면 말이다. 누가 에스컬레이터를 원하는가. 물론 장애인이나 노약자 때문이긴 하지만, 아무래도 에스컬레이터는 과잉인 듯하다규모나 속도 면에서. 현대인은 속도의 노예이기 때문에 빠르게 움직이는 수송 수단이 없으면 불안한 것인가. 남측 단부에 있는 엘리베이터대공연장까지 거리는 100M는 또 한번 의아스럽다. 대·소공연장의 주동선 및 관리동선과 충돌을 일으키면서까지 단체 관람객의 동선을, 그것도 직선으로 일관할까? 우리의 전통 동선은 결코 직선이 아니다. 슬라롬slalom, 활강 곡선이다.

국립부산국악원의 마당만은
" '꼬끼오!' 우는 대한민국 회중시계"다

우리 옛 악기를 모티브로 한 오브제들

■ 국립국악원의 전체적 매스는 순수 기하학적이면서 자기 완결적이다. 그래서 우리 전통건축에서 느낄 수 있는 고졸한 맛이 없다. 국악원 주위의 옹벽이 시각적으로 큰 역할을 하는 것을 알 수 있다. 도심 속의 옹벽, 육교, 터널 등의 토목구조물은 이제 더 이상 방치되어서는 안 된다. 공공 디자인은 도심 속의 토목구조물부터 시작되어야 한다

마당만은 '꼬끼오!' 우는 대한민국 회중시계다

이 건물이 '꼬끼오!' 하고 당차게 외치기 위해서는 전통은 현대 건축기술을 야무지게 만나야 한다. 상기의 기술을 고려할 때 전통이 적극적으로 재활성화되는 부분은 외부의 마당부분이다. 마당의 배치기 한번 더 탁월하다는 소리를 해도 허물이 되지 않으리라. 워낙 뛰어나서 현대건축화의 압권이다. 내부에서는 전통이 단순히 차용만 될 뿐 재활성화되지 못함에도 불구하고 국립부산국악원의 마당만은 "'꼬끼오!' 우는 대한민국 회중시계"다.

《국립부산국악원 가는길》

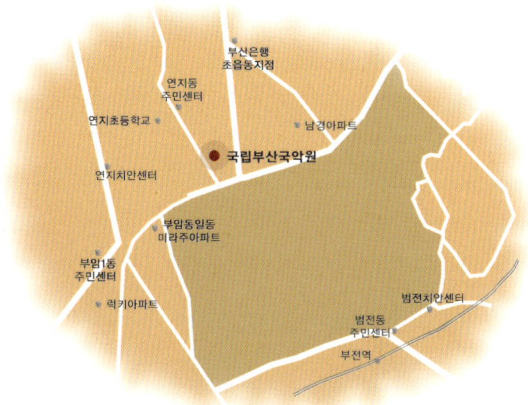

■ 사물놀이하는 상에서 솟아나는 역동적인 기(氣)와
에스컬레이터의 기계적인 힘이 묘한 대조를 보인다

문화골목

시간의 혼이
움직이는
몸의건축

시간은 단지 흘러간 흔적이 아니고
다른 것들과 소통하며 살아서 움직이는 혼이다

시간의 흔적이 어떻게 건축화 되나 하는 것은 꽤나 오래된 건축계의 화두이다. 시간이 흐름에 따라 흔적이 도시건축물에 쌓인다고 일반적으로 생각한다. 그래서인지 시간의 흔적을 물리적 현상으로 보고 단순히 이를 켜로서 도시건축적으로 재현再現하는 데만 관심을 보인다. 그래서 시간작게는 집안내력으로부터 크게는 도시내력이 도시건축물에 거居한다고 생각지 않는다. 이 때문에 시간, 도시건축, 인간과의 교류가 전혀 일어나지 않는다. 아래의 시는 시간이란 단지 흘러간 흔적이 아니고 다른 것들과 상호소통하며 살아서 움직이는 혼魂임을 보여주고 있다.

… - 저어, 방을 한 칸 얻었으면 하는데요.
일주일에 두어 번 와 있을 곳이 필요해서요.
내가 조심스럽게 한옥 쪽을 가리키자
아주머니는 빙그레 웃으며 이렇게 대답했다.
-글씨, 아그들도 다 서울로 나가불고
우리는 별채서 지낸께로 안채는 비기는 해라우.
그라제마는 우리 집안의 내력이 짓든 데라서
맴으로는 지금도 쓰고 있단 말이요.
이 말을 듣는 순간 정갈한 마루와
마루 위에 앉아 계신 저녁 햇살이 눈에 들어왔다.
세놓으라는 말도 못하고 돌아섰지만

그 부부는 알고 있을까,

빈방을 마음으로 늘 쓰고 있다는 말 속에

내가 이미 세들어 살기 시작했다는 걸.

(나희덕, 『사라진 손바닥: 나희덕 시집』, 문학과 지성사, 2007, p. 22-23)

　　윗글은 나희덕 시인의 시, "방을 얻다"의 부분이다. 이 시의 압권
은 "집안의 내력이 짓든 데라서 맴으로 지금도 쓰고 있단 말이요."
"내가 이미 세들어 살기 시작했다는 걸." 이 두 문장이다. 부부가
안채를 집으로 대하는 것이 아니라 살아있는 마음으로 대하는 것
을 이 앞 문장에서 쉽게 알 수 있다. 흘러간 수많은 시간들이 안채
와 혼연일체되어 부부와 더불어 소통하며 살고 있다. 시인 자신도
형체화된 시간과 교감을 이미 나누었음을 뒷 문장을 통해 내비치
고 있다.

　　"문화골목"을 거닐면서 뇌리를 스쳐가는 생각은 바로 이 형체화
된 시간과의 교감이었다. 내 자신도 이미 그곳에 "세들어" 살기 시
작했다는 것을 알아차렸다. 요즈음 같이 유용성을 강조하는 시대
에 사람들이 과연 형체화된 시간과 교감이나 할까? 그런 존재조차
모를 것 같다.

　　재개발이란 미명아래 개개의 집안 내력이 무참히 파괴되고 있
는 이즈음 우리는 지금 살고 있는 공간조차도 객관적으로 인식하
고 있어 사물과의 교감은 엄두를 못 내고 있는 실정이다. 형체화된
시간과의 교감은 말할 필요조차 없다. 자본주의 체제 아래 인간의
욕망을 채워줄 수 있는 유일한 수단인 돈을 위해 우리는 사물과

소통하는 교감능력을 잃어버렸다. 돈은 욕망이외의 것들을 마비시키는 경향이 있다.

　최근에 발생한 '용산4개발구역' 참사는 바로 돈 때문이다. 개발 후 부동산 가치가 7349억이고 순수재개발 이익은 1785억원이라고 알려져 있다. 토지, 건물주인의 1인당 개발이익은 5억 4,000만원씩 이란다. 이런 판국에 누가 집안내력 따위를 간직하려 하겠는가? 시가 도시경관의 향상을 목적으로 슬럼지역에다 재개발을 전제로 용적률을 올려 허가를 내주기 시작한 후 너도 나도 재개발에 혈안이 되어있다. 심지어 멀쩡한 건물도 재개발이라는 이름 아래 두들겨 부수어진다. 노후화된 주택 지역의 경관 향상은 과연 재개발뿐인가? 그래서 나온 것이 도시 되살림도시재생이다. 도시 되살림에 대한 갖가지 방법적 모색이 이루어졌으나 별로 뾰족한 수가 없어보였다. 그러나 이때 나타난 것이 바로 '문화골목'이다.

▌ 델리시오소: 문화골목의 출발점이 된 곳.
　낡은 자동차는 문화골목 전체에 대한 암시다

   형체화된 시간과의 교감은 '문화골목' 입구에서부터 시작한다. 입구에는 내력이 있음직한 목어木魚가 있어 사찰을 연상시킨다. 또한 어디에서 구했는지 오래된 내력으로 인해 약간은 부식한 오래된 종이 종탑 안에 있다. 종탑은 입구 반대쪽에 거의 대칭으로 엄숙하게 서 있다. 교회를 연상시킨다. 사실은 종탑이 아니라 물탱크탑이다.수압을 올리기 위해 불가피한 조치이다 이와는 달리 각각 다른 다섯 채의 단독주택들은 저마다의 "내력"을 지닌 채 시간 혼으로서, 교감의 혼으로서 자신의 이야기를 뿜어내고 있다. 더구나 건축가는 다섯 채의 저마다의 내력들을 종과 목어로 묶어서 모호한 아이덴티티분위기로 재창출한다. 건축가가 형체화된 시간들과 소통하여 새로운 혼을 재창출하는 과정은 아래와 같다.

❙ 주출입구: 목어, 종탑(사실은 물탱크), 삽, 낡은 자전거 등이 원인-결과에 관계없이 결합되어 묘한 시적 공간을 연출하고 있다

시간들과 소통하여 새로운 혼을 재창출하는 과정은 아래와 같다

입구에 들어서면 왼쪽에 커피, 와인, 음악, 고풍스러운 소품이 주택내력과 어우러져 묘한 분위기를 내는 '다반'이 있다. 햇빛과 나무가 만들어내는 외부공간의 이중주와 내부공간의 분위기라는 교향악이 서로 만나 내부는 더욱 깊숙이, 외부는 내부로 획신되이 디욱 넓게 보인다.

입구에 들어서면 오른 쪽에 주점, '고방'이 있다. 주택의 내력에다 향토작가의 그림, 그리고 막걸리와 소주가 있다. 그리고 여전한

전시장: 빛이 들어오면서 묘한 전시공간을 만든다

건축가의 체취도 배어있다. 고방과 인접하여 갤러리 '석류원'이 있다. 일반적인 화랑공간과는 달리 전면과 측면을 가득 채우는 격자창으로 인해 외부공간의 그늘에서 그림을 감상하는 것 같다. 여기서도 여전히 희미한 내력들이 어른거린다. 물론 귀신은 아니다. 다반의 앞면에 석류원과 인접하여 노래방인 '풍금'이 있다. 술 한 잔 걸치고 그냥 지나칠 수 없으리라. 술 취한 자의 심리를 누구보다 잘 간파한 실소유주인 건축가가 만든 공간이 바로 풍금이다.

■ 고방: 곳곳의 소품으로 인해 이곳이 묘한 공간이 된다

■ 다반: 대문짝이 테이블로 변했다. 우리는 무엇은 무엇에 사용하여야 한다는 고정관념이 머리에 꽉 차 있다. 건축가는 그것을 통쾌하게 뚫었다

노란색의 벽면은 사람을 들뜨게 한다는 사실을 잘 활용한 사례이다. 또 한 번의 소유주의 이윤추구정신이 노출되는 곳은 오리엔탈 바인 '색계'다. 이곳은 각종 술을 마신 자의 최후의 보루다. 술 손님은 이제 다른 곳에 갈 필요 없이 이곳에서 다 마실 것을 간곡히 권유받는 것이다. 칵테일, 위스키와 자개장롱이사 가면서 두고 감이 함께 있는 공간이다. 외국인과 함께 할 수 있는 공간이다. 어차피 우리는 국제공항 대합실 속에서 살아야 한다. 서구의 것과 우리의 것이 더불어 살 수밖에 없다. 이질적인 것이라도 말이다.

색계: 자개농을 보면 집으로 돌아온 기분이다. 술장사에게도 고도의 심리전이 요구된다

　이층에 올라가면 소극장인 '용천지랄'이 있다. 이곳만 유일하게
외부와의 소통이 전혀 이루어지지 않는 공간이다. 그러나 무대와
의 소통은 원활히 이루어지는 곳이다. 소극장을 마주보고 술집
'노가다'가 있다. "연소자 관람 불가"란 팻말, 오래된 영사기 등 각
종 소품이 군데군데 널려 있다. 이질적인 소품들이 기억의 단편들
을 복잡하게 엉기게 하여 엉뚱한 생각을 하게 만든다. 불쑥 불쑥
나타나는 이질적 소품들로 머리에서부터 새로운 충격이 전해져온

❚ 고방: 소주, 막걸리, 향토작품들이 어우러지는 공간

다. 여기 있는 소품과 저기 있는 소품이 시간적으로나 공간적으로
원인-결과의 관계로 연결될 것 같지가 않다. 슬그머니 묘한 상상력
이 발동된다. '노가다' 옆쪽에는 건축가 자신의 건축사무소 '가산'
이 있다. 건축가로서 자신의 일에 전념하지 못하고 비록 '문화골
목'을 운영하기는 하지만, 굴하지 않는 모습을 보이는 그의 태도에
서 이 불황을 이겨나가는 우리네 건축가의 모습이 오버랩되어 보
인다.

❙ 노가다 역시 곳곳의 소품들로 인해 낯선 공간이 된다

용천지랄: 무대와 객석 간의 거리가 없어 관객과 배우 간의 소통이 원활하다

소극장 '**용천지랄**'은 유일하게 외부와의 소통이
전혀 이루어지지 않는 공간이다
그러나 무대와의 **소통**은 원활히 이루어진다

선무당(仙舞堂)의 원형이 바로 옥탑방인 것 같다. 옥탑방의 장점은 탁 트인 하늘이다. 테라스에 있는 두 개의 평상이 인상적이다

　3층에 있는 '선무당'은 공연이나 전시기획을 위해 온 지인들을 위한 숙박 및 편의시설이자 건축가의 사무실이기도 하다. 특히 옥상 데크에 둔 같은 사이즈의 여러 평상들이 눈에 띈다. '델리시오소'는 기존 주택의 테라스와 발코니를 잘 이용하고 있다. 특히 입구테라스 면에 둔 구형자동차가 인상적이다.

　이 구형자동차는 건축가가 최초로 매입한 주택의 입구 테라스면에 오래전부터, 즉 앞의 주택들을 매입하기 이전부터 서 있던 차다. 이것이 건축가의 '문화골목'에 대한 암시였는지도 모른다. 과거의 골동품을 자기가 짓는 건물에 가져다 놓는 태도는 상당히 회고적이면서 파격적이다. 시간이 일천한 공간 속에 오래된 소품을 둔다는 것은 객관적이고 가치중립적인 공간에 인간의 체취를 심겠다는 의지의 표현이다. 문화골목의 주된 테마는 바로 인간의 체취를 담은 기억과 상상 공간의 형성이다.

문화골목은 현재진행형이다

우리의 기억과 상상을 흔적도 없이 다 지워버린 우리의 근대도시들. 이제 그것마저도 부족해서 수 십 년간의 흔적이 쌓여있는 주택단지들을 재개발이란 이름 아래 그것을 다시 지우려 하고 있다. 도시경관 개선이란 명분으로 도시경관의 핵심적인 요소를 말살하고 있다. 초고층 타워형 아파트는 시각적으로는 시원한 감을 줄지 모른다. 그러나 그 시원함은 기억과 상상을 지워버린 후 발생하는 시원함 임을 알아야 할 것이다. 자꾸 배경과거와 미래을 지워버리면 전경현재은 방향을 상실할 것이다. 현재의 전경뿐인 도시는 과거와 미래의 배경이 지워져버린 기억상실증, 상상상실증의 도시다. 우리는 과거에만 집착해서도, 현재에만 집착해서도, 미래에만 집착해서도 안 된다. 우리는 지금까지 현재에만 매달려 살았는지 모른다. 그리고 과거와 미래를 망각했는지 모른다.

건축가는 우리가 현재에만 집착함에 대하여 경종을 울리는지 모른다. 그는 집안의 내력에 마음을 쓸 뿐만 아니라 과거의 것들의 현재화 또는 미래화에 마음을 쓰고 있다. 언제라도 문화골목의 프로그램을 지속적으로 변화시키기를 원하고 있을 뿐만 아니라 주위의 주택을 사들여 그것을 확장시키려는 욕망을 지니고 있다. 그런 의미에서 문화골목은 현재진행형이다. 그래서 그는 이미 문화골목의 내력에 살고 있는지 모른다. 이전 주인들과 더불어 말이다.

다섯 채의 주택이 다섯 가지의 체취형체화된 시간를 지니고 있음을 우리는 모두冒頭의 시를 통해 알 수 있었다. 그런 다섯 가지 체취에 건축가는 자신의 체취를 불어넣기 위해서 많은 애를 섰다. 주

배관이 훌륭한 장식품이 되었다

로 그가 사용한 방법은 오래된 소품을 다섯 채의 주택에 고루 고루 배열하기였다. 그리고는 특이한 방법을 하나 사용했다. 급수관을 화장실마다 인상적으로, 조형적으로 배열했다. 이런 방식으로 건축가의 체취를 다섯 가지의 체취에 버무렸다. 드디어 문화골목이 화이부동和而不同하게 채색되었다. 계단과 다리 또한 건물 전체를 한 덩어리로 통합시키는 요소이다. 계단을 통해 몸이 움직일 때마다 시인 정현종의 시, "몸이 움직인다"가 생각났다.

> … – 저기서 여기로
> …
> 움직이는 건
> 거룩하다
> 삶과 죽음이 같이 움직이기 때문이다
> 욕망과 그 그림자 – 슬픔이 같이 움직이기 때문이다
> 나와 한없이 가까운 내 마음
> 나에게서 한없이 먼 내 마음이
> 같이 움직이기 때문이다
> 바깥은 가이없고
> 안도 가이없다
> 안팎이 같이 움직이며
> 넓어지고 깊어진다
> 몸이 움직인다.

(정현종, 『갈증이며 샘물인: 정현종 시집』, 문학과 지성사, 2004, p. 79)

'빈방을 늘 마음으로 쓴다는 것'은 무엇을 말하는가? 마음으로 쓴다는 것은 '상상의 몸'이 움직이면서 사용하는 것을 말한다. 몸이 움직이면, 즉 '행위'를 하면 가까운 내 마음과 먼 내 마음이 같이 움직인다. 이 때 마음이 넓어지고 깊어진다. 여기에서 세대를 통해 삶의 질을 풍성히 할 수 있는 '지속가능한 개발'에 대한 힌트를 얻을 수 있다. 먼 내 마음(과거)과 가까운 내 마음(현재)이 같이 움직이면서 넓어지고 깊어지는 것(미래)처럼 과거, 현재, 미래를 통해 도시 및 건축이 단절됨 없이 지속적으로 움직이면서 넓어지고 깊어지는 것이 바로 지속가능한 개발이요, '도시 되살림'(도시재생)인 것이다. 도시 되살림을 통해 우리의 마음도 도시도 건축도 넓어지고 깊어진다.(여기서는 마음의 구체화가 도시 및 건축이다) 도시 되살림은 "몸이 움직이는" 건축가만 할 수 있다. 최윤식은 가까운 마음(현재)과 먼 마음(과거)을 같이 움직였고 그의 마음은 넓어지고 깊어졌다. 그래서 그의 다섯 채 주택을 '다시 살리는'(증, 개축하는) 행위도 넓어지고 깊어졌다. 이런 의미에서 그는 자연, 환경, 도시 등을 늘 마음으로 쓰는 "몸이 움직이는" 건축가다.

《문화골목 가는 길》

뉴욕연합치과

풍경의 침묵소리를
듣기 위해
더욱 침묵하려는
건축가 김명건

> 우리 인간도 처음에는 초목이 나누
> 는 푸른 말들을 다 들을 수 있었다고 한
> 다. '풍문風聞', '풍설風說'이라는 말의 근
> 원이 그것이었다. 그러나 이제 나무들이
> 바람결에 수런거리는 소리를 우리는 듣지
> 못한다. 애써 다 청취하고서도, 내가 혹시
> 잘못 듣지는 않았을까 하고 고개를 돌리
> 고 만다. 아, 지금도 어디선가 간절하게 말
> 을 걸어올 저들의 속삭임!
>
> (이병철, 『세상이 앉은 의자』,
> 문학동네, 1999, p. 6)

코리아 아트센터의 설계자는 프랑스 건축가란다. 그래서인지 조각처럼 오브제의 성격이 강하다. 즉, 개념표현이 강하다. 뉴욕연합치과를 설계한 건축가 김명건은 개념표현이 강한 오브제의 배경으로서 그의 건물을 짓기로 결심한 듯하다

반사유리에 비친 나뭇잎은 한 폭의 그림같다

멀리서 볼수록 두 건물이 잘 어울린다. 아마도 음양의 조화인 듯하다

치과병원은 주위의 것들을 흡입하는 흡입력을 지녔다

이병천 작가의 작품 『세상이 앉은 의자』의 '작가의 말' 일부다. '아, 지금도 어디선가 간절하게 말을 걸어올 저들의 속삭임!' 그렇다. 해운대 달맞이길이 그랬다. 바다와 숲이 어우러져 내게 다가오는 저 형형색색의 침묵소리들. 어느새 그것들은 앞서거니 뒷서거니 내게 달려와 각자의 목소리로 말을 건넸다. 나는 갑자기 바빠지기 시작했다. 그들에게 일일이 대꾸하는 것이 보통 일이 아니었기 때문이다.

승용차에서 내려 뒤로 돌아서니 두 개의 건축물이 불쑥 나에게 다가왔다. 왼쪽의 건축물은 CNN을 시청할 때의 기분을 준다. 간판을 보니 코리아 아트갤러리였다. 프랑스 건축가 장 미셸 빌모트 Jean Michel Willmote의 작품이란다. 한때 아니 지금도 여전히 유행하는 노출콘크리트 건축물이다. 그런데 그 건물은 달맞이길 주변에 풍설로 돌아다니는 형형색색의 침묵소리에 귀를 막고 있는 듯한 건물이다. 무지갯빛 침묵의 아우성이 노출콘크리트로 된 성벽에 다가가면 그만 허물허물 기세를 잃고 주저앉는 것만 같다. 그러나 건축물의 기초기능인 셸터로서의 역할은 완벽한 것처럼 보인다. 그 건물은 주위의 두런거리는 소리들과 대화를 거의 못하고 있었다. 아예 주변 컨텍스트와는 담을 쌓기로 작정한 모양이다. 그러나 하나의 오브제로서의 조형성은 뛰어나다. 전면에 길게 찢어진 띠창이 다소 눈에 거슬리기는 한다.

그 옆에 매스적으로는 비슷하지만 전혀 다른 건축물이 있다. 뉴욕연합치과 '드림플란트'로 불리기도 함란다. 그 옆 건물이 딱딱한 육

면체의 매스감을 준다면 치과병원은 스펀지 같다. 주위의 것들을 흡입하는 흡인력을 지녔다.

　주위의 각양각색의 풍경의 침묵소리들을 경청하는 자세이다. 옆의 갤러리는 오브제가 지닌 개념 덕택에 풍광의 소리 없는 아우성을 수용할 자세가 되어 있지 않다. 코리아 아트센터는 전면에 긴 띠창을 여러 개 지닌 노출콘크리트 박스, 좌측면 유리벽에 돌출한 사각박스, 우측면에 돌출한 사각박스 등으로 구성되어 있다. 이와는 대조적으로 드림플란트 병원은 주위 풍경을 섬세하게 담은 반사유리와 프레임을 가진 사각박스조금 답답한 감이 있음, 갤러리의 좌측면에 대응하여 돌출한 테두리가 있는 사각박스, 4층의 유리창 위의 징크zinc 패널채양, 그리고 돌출한 창문의 테두리선 등으로 윤곽 지어져 있다.

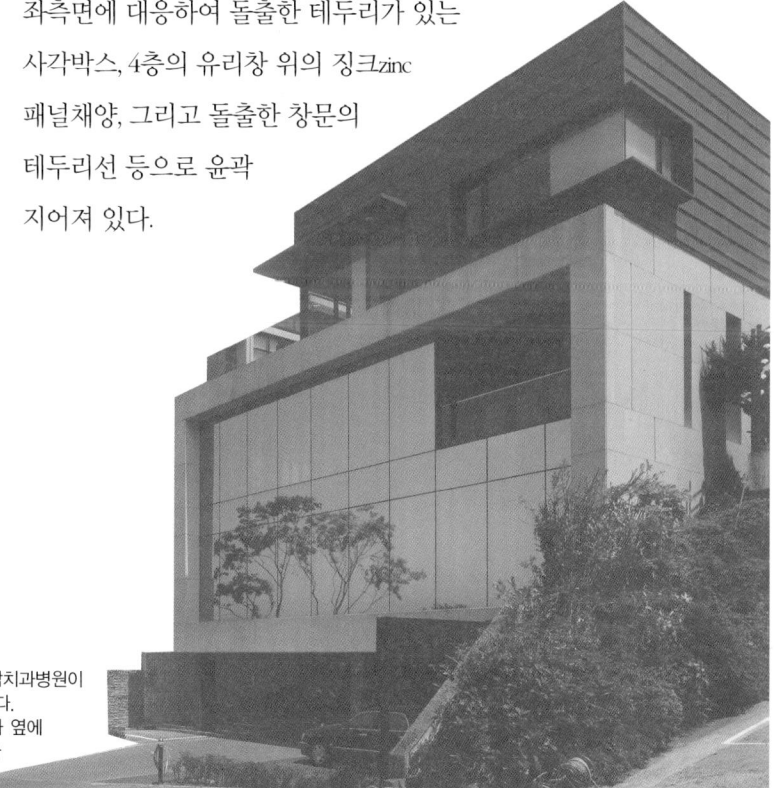

l 혼자 서 있는 연합치과병원이 왠지 쓸쓸해 보인다. 코리아 아트센터가 옆에 있어야 할 것 같다

이 두 건물 사이에 강한 음양의 리듬감이 형성되어 있다

이 두 건물 사이에 강한 음양陰陽의 리듬감이 형성되어 있다. 이 둘은 서로 같은 것 같으면서 차이를 드러낸다. 이처럼 피상적으로 유사한 것 사이에 깔려 있는 차이를 드러내는 것을 미학적 용어로 '아이러니'라 부른다. 특히 색깔에 있어서 치과건물의 인조대리석 ptl stone의 옅은 회색, 징크 패널의 짙은 회색 그리고 갤러리 건물 노출콘크리트의 거친 회색들 사이의 묘한 주고받기가 치과건축물을 갤러리보다 더욱 침묵화시키고 있다. 그러므로 드림플란트는 코리아 아트센터의 배경적 침묵으로 존재한다. 코리아 아트센터가 오브제로서 전면에 나서고 이를 뒷받침하는 건축이 바로 드림플란트이다.

한국의 산중 사찰건축은 대부분 이 치과처럼 그렇다. 주변 세계로부터 각양각색의 침묵소리를 모은다는 입장에서 보면 사찰은 더욱 배경적 침묵이 된다. 시각적으로만 보면 마치 사찰이 전경화되고 주위의 배경들이 후경화된 것처럼 보인다. 그러나 사실은 나무, 바위, 산, 냇가 등등 풍경의 침묵소리를 더 똑똑히 듣기 위해 주변보다 더욱 침묵화된 사찰은 무지갯빛처럼 오색찬란한 풍경의 모임 터이다.

드림플란트는 침묵소리를 모아 거주케 하는 곳이며 이웃한 갤러리는 축소케 하는 곳이다. 갤러리에서는 풍광의 침묵소리를 걸러서 내부로 흡입시키지만 치과에서는 여백이라는 더한 침묵을 통해 가능한 한 더욱 많은 침묵을 흡입하고자 한다. 주위에 펼쳐지는 아름다운 경치의 침묵소리는 대부분 용두사미龍頭蛇尾가 되어

갤러리 안으로 들어간다. 그러나 드림플란트는 달맞이의 그 용두龍頭의 침묵을 흡입하려고 하는 의지가 엿보이는 건축적 장치를 곳곳에 갖추고 있다. 우선적으로 정면의 반사거울과 테라스 등을 들 수 있다.

치과건물이 이런 능력을 갖추게 된 데에는 주위 것들의 소리를 경청하고 더 나아가 건축주를 포함한 인간의 소리를 침묵으로도 읽어낸 건축가 김명건의 능력도 일조하였을 것이다. 갤러리의 강한 자기주장을 치과건물은 모성애적 본능으로 감싼다. 전자가 강한 남자라면 후자는 섬세한 여성이리라. 마치 석가탑과 다보탑이 서로 상호관입되는 것처럼 말이다. 오브제로 출발된 갤러리를 그래도 건축물로 주저앉힌 것은 바로 치과건물의 덕이다. 갤러리만 그냥 있었더라면 아마 건물 구실을 못했을 것이다. 남편의 외조가 혹은 아내의 내조가 상대방의 '결함보완 효과'를 내면서 살아가는 것처럼. 이 건물들도 그랬다. 이러한 관계맺기로 어느 한 쪽도 전면으로 나서지 않는 컨텍스트배경를 이루었다. 이제 둘은 불일이불이적不一而不二的으로 짜깁기되어 있다. 죽음과 삶, 양각과 음각, 어둠과 밝음 등등의 이분법적 사고가 여기서는 더 이상 통하지 않는다. 사람들은 말한다. 이 두 건축물은 기氣가 막히게 닮았다고. 그러나 조용히 따져보면 이 둘은 하늘과 땅 차이다. 그러나 하나로 서로 간에 묶여져 있기 때문에 심하게 닮았다고들 한다. 이것을 '아이러니'라 부른다.

발코니에 서면 주위의 모든 것을 흡입할 것 같다

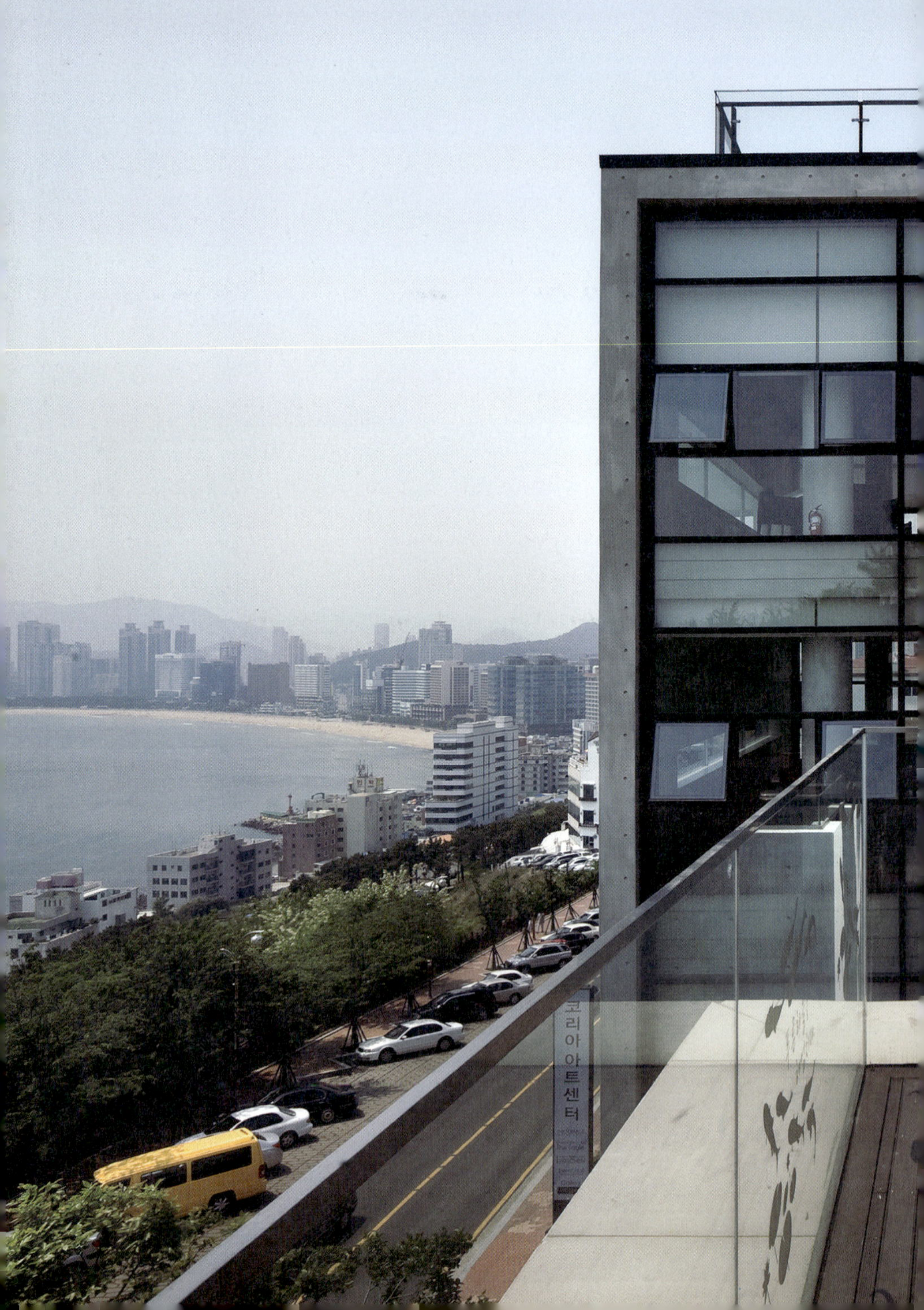

풍경을 동청하려는 자세가 역력히 보인다

침묵을 듣는 자만이 건축을 그만큼 행할 수 있으리라

치과건물 내부로 들어가면 주위의 풍경들을 동청動廳하려는 자세가 곳곳에 나타난다. 1층 면적의 반가량은 치과의원으로 사용하고 나머지 반은 주차장으로 사용하고 있다. 1층 벽면의 2/3가량은 유리로 덮여 있어 풍광의 침묵소리를 들려주는 건축적 장치가 곳곳에 깔려있음을 금방 눈치챌 수 있다. 계단실에 접근하면 이곳이 과연 주위의 풍광소리를 모으려는 곳이라는 것을 쉽게 알 수 있다. 하늘로 향하여 뚫린 채광창은 하늘 경치의 침묵소리를 담으려는 건축가의 의지가 돋보인다. 여기서도 여전히 옆집 갤러리를 향하여 무엇인가를 동청하려 한다. 천정의 보까지 올라간 두 개의 긴 창을 통해서 말이다.

진료대기실은 2층에 있지 않고 3층에 있다. 동선이 길어짐에도 불구하고 대기실을 3층에 올린 이유는 역시 경치의 침묵소리를 듣기 위함이다. 3층의 대기실은 이 치과건물의 클라이맥스이다. 탁 터진 정면을 통해 들어오는 바다와 숲의 침묵소리는 가슴을 메어지게 한다. 대기실은 최대한의 시야 확보와 더불어 바다와 숲으로부터 밀려오는 침묵을 위해 더 침묵적인 여백의 공간을 형성한다. 침묵적인 그만큼 더 숲과 바다가 실내로 수군수군거리고 들어오는 것 같다. 2층 진료실 8개 가운데 5개가 바다를 바라보고 있다. 아마 이가 아파 말을 할 처

지가 못 되니 바다나 숲의 깊디깊은 속 이야기를 들어
보라는 의미일 것이다.

　치과건물 곳곳에 장치된 경치 침묵청취용 안테나(?)
가 보인다. 테라스 난간을 투명유리로 한 것이나 4층의
테라스 등은 더 많이 바다와 숲 그리고 주위를 경청하
기 위함이다. 테라스는 동양화의 여백처럼 치과건물의
여백이다. 여백에서 경청한 바다와 대기실에서 경청한
바다는 확실히 다르다. 내부공간의 주조색은 결코 두드
러지지 않는, 바다를 경청하는 자세에 자극을 주지 않기
위해 색깔이 있는 듯 마는 듯한 연한 미색이다. 건축가
가 밖의 침묵을 듣기 위해 의도적으로 실내를 더욱 침
묵화시킨 것이다. 계단의 난간도 유리로 처리함으로써
풍광의 침묵소리보다 더한 침묵을 얻어내려고 했다. 건
물 내부의 주된 디자인 개념은 바다, 숲 등 주위 것들의
경청에 방해되지 않도록 내부의 침묵소리를 최대한 줄
이는 것이었을 것이다. 외부공간의 디자인 개념 역시 주
변 환경에 대한 동청을 방해하는 요인을 최대한 줄여서
침묵의 소리가 선명하게 드러나도록 하여 침묵의 의미
를 일깨우는 것이다.

　침묵을 듣는 자만이 건축을 그만큼 행할 수 있으리라.
건축가 김명건은 반사유리를 둘러싸고 있는 프레임만
큼 듣기능력이 보완되어야 할 것으로 추측된다. 대지 주
위에서 밀려오는 각양각색의 침묵소리를 그는 자신에
게 남겨진 생각 혹은 개념의 잡음 때문에 아직도 완벽

▌ 대기실에서 바다를 바라본다. 한 폭의 동양화를 보는 것 같다.
풍경의 경계가 모호하다

바다와 내가 투명하게 만난다. 내가 사라진다. 근심, 걱정도 사라진다

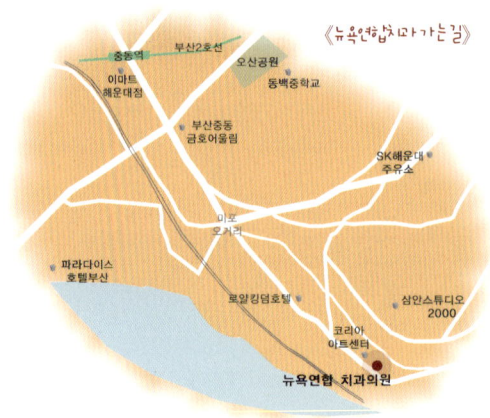

《뉴욕연합치과가는길》

하게 듣지를 못한다. 다음의 시는 침묵에 익숙한 이에게는 침묵이 침묵이
아니라 소리의 일부임을 드러낸다.

> … '꽃지는 소리가 왜 이리 고요하지?'
> 꽃잎을 어깨에 맞고 있던 불타의 말에 예수가 답했다.
> '고요도 소리의 집합 가운데 하나가 아니겠는가?
> 꽃이 울며 지기를 바라시는가,
> 왁작지껄 웃으며 지길 바라시는가?'
> '노래하며 질 수도….'
> '그렇지 않아도 막 노래하고 있는 참인데.'
> 말없이 귀 기울이던 불타가 중얼거렸다.
> '음, 후렴이 아닌데!'
>
> (황동규, 「꽃의 고요: 황동규 시집」, 문학과 지성사, 2007, p. 56)

황동규 시인의 '꽃의 고요'의 일부이다. 이렇게 침묵하는 사물의 소리
를 건축가들이 경청할 수 있으면 좋겠다. 건축설계 시, 대지 주변의 사물
과 사람의 소리를 경청하는 자만이 새로운 건축세계를 열 수 있다. 기존
의 개념에 넋이 나간 건축가는 새로운 것을 듣지 못하므로. 건축가와 세
상이 혼연일체가 되지 못하고 겉도는 이유는 아마도 그 자신의 생각에 빠
져 있기 때문이리라. '귀 있는 자는 … 말씀을 들을지어다.'

자 장 암 은

리얼리티와 상상의

정교한 결합이다

▮ 평온한 기분이 드는 일반적인 암자다

상상의 공간은 설화의 공간을 만든다

자장암을 들어서자마자, 마애석불이 불쑥 내 눈을 후려친다. 전광석화電光石火 같다. 정신이 번쩍 든다. 관음전과 마애석불 틈 사이의 좁디좁은 통로로 관음전의 외벽을 따라 들어가니 그 뒤편에는 석벽 위에 소혈이 있고 아래에는 샘이 있다. 소혈 바로 밑에 샘과 인접하여 거북이 머리 같은 바위가 땅에서 불쑥 솟아 있다. 샘을 거쳐 관음전의 우측 벽 중간쯤을 지나자 바위가 나오고 이어서 전면 기단 중앙부 아래에 또 다른 암석이 돌출해 있다. 일순간 나는 거기 묵묵히 살아 터 잡고 있는 오래된 거북이 등 위에 내가 서 있는 것 같은 착각에 빠져 들었다. 아! 하고 감탄사가 터져 나왔다. 바로 정현종 시인의 수수께끼 같은 '그 두꺼비'란 시와 상황이 흡사했다. 항상 아득하게 먼 곳에서만 보이던 그것이 이렇게 눈앞에 불쑥 나타나자 시의 구구절절이 몸으로 바짝 다가온다.

90

여름날 축령산 잣나무숲

이끼 낀 바위 위에 웅크리고 있던

참 오랜만에 본 갈색 두꺼비,

내가 엎드려 들여다봐도

태평인지 숨은 건지 끄덕도 하지 않던

한 神出 - 자연만큼 깊고 두툼한 등허리,

그 흑갈색 등허리에 어려 있던

숲 그늘, 흙 냄새, 계곡 물소리,

갖은 곤충들과 풀잎과 하늘,

그 등허리에 깊은 색깔 속에 선명하던

또 저 무한 천체들……

그 두꺼비 등에 올라 나는

오늘 기운을 좀 차리이느니

(정현종, 『세상의 나무들: 정현종 시집』, 문학과 지성사, 1998, p. 18)

❚ 석벽 소혈 속의 금개구리

마애석불이 바위로부터 불쑥 튀어나올 것 같다. 오랜 기간 동안에 타자화 되어있던 '놈'이다

내가 본 것은 두꺼비가 아니라 거북이다. 거북이를 닮은 바위 위에는 건물관음전이 올라타고 있다. 아마 시인도 갈색 두꺼비를 본 것이 아니라 두꺼비를 닮은 바위를 본 것이리라.

'그 두꺼비 등에 올라 나는'이란 행을 볼 때, 두꺼비는 실재가 아니라 두꺼비를 닮은 바위임에 틀림없다. 그 바위 위에서 숲 그늘, 흙 냄새, 계곡의 물소리, 곤충들과 풀잎과 하늘, 그리고 무한 천체들을 상상으로 보았을 것이다.

ı 암벽 속에는 무수한 이미지가 숨어있다

그러나 내가 본 것은 거북이 닮은 바위 위에 놓인 실제의 건물이다. 바위가 거북이처럼 건물 배면 중심부 근처의 땅에서 불쑥 머리를 내밀고 있다. 그리고 좌편으로 보니까 호랑이를 닮은 바위가 용맹스럽게 버티고 서 있다. 우편으로는 마애석불이라 칭하는 수직형의 바위가 있다. 거북이바위와 호랑이바위 그리고 마애석불. 분명 이것은 상상의 공간이다. 이 상상공간은 출몰하지 않은 수많은 이미지를 함축하고 있기 마련이다. 아니나 다를까, 곳곳에 동물을 닮은 바위가 있다. 특히 자장암은 금개구리에 관련된 설화이미지들를 지니고 있다. 금개구리가 나타나게 된 배경을 추적해본다.

통도사지에 의하면 "자장암 곁 석벽 아래에 자장이 신통력을 이용해서 석장으로 뚫어 만든 작은 샘이 있는데, 석벽 위의 소혈에 있던 개구리 두 마리가 샘물에서 뛰놀며 물을 혼탁하게 만들었다. 그래서 師는 무명지로 석벽에 구멍을 뚫어 개구리들을 이 구멍 속에 살게 하자 물이 흐리지 않게 되었다. 이후로 개구리 한 쌍은 어떤 때는 벌과 나비가 되고 거미가 되는 등 신출귀몰 하였다. 또한 산내 名山麗水 어느 곳도 가리지 않고 날아다니며, 심지어 師의 밥상에 오르거나 어깨 위에 오르는 둥 홀연히 나타났다 사라지곤 하기가 일수였다. 오늘날에도 이 개구리를 보지 못하면 믿음이 의심되기도 하고 누가 보는 날이면 믿음을 자랑으로 삼는다."

❙ 타자화 되어있던 마애석불이 드디어 전면으로 등장한다

호랑이 닮은 바위가 왼쪽 상부에 있구 코끼리 닮은 바위가 중앙 삼단부에 인접하여 우측에 있다

강한 이미지의 마애석불은 무수한 이미지들을 거느린다

상상의 공간은 상기의 시처럼 수많은 것들을 지니고 있다. 이 상 상의 공간에는 숨겨진 채 배경으로 남아 있는 이미지들이 무수하 다. 왜 이미지들이 무수할까? 천연지물의 애매모호한 이미지들 중 하나가 결정되면 나머지 것들은 타자화되어 은폐된다.

어렴풋한 이미지들 중에서 강한 이미지가 무엇으로 결정되면 같은 공간에 병렬로 배열된 나머지의 이미지들은 강한 것에 주도 되어 상상의 나래를 편다. 아마도 금개구리에 관한 설화도 호암, 구암, 마애석불이 만들어낸 상상의 한 산물로서 이미지들의 연쇄 반응작용의 결과이었을 것이다. 추측컨대 호랑이바위, 거북이바위 가 불교와 연관을 갖게 된 것은 자장암 배치도 2번에 위치한 마애 석불의 강한 종교성 때문일 것이다.

바위에 숨겨진 수많은 이미지들 가운데 불심이 강한 선사가 부 처의 이미지를 발견한 순간 대지의 깊이가 약10m, 넓이가 약 50m 가 채 되지 않는 그 일대는 불교의 장으로 전환되었을 것이다. 이 는 평범한 공간에서 토지영genius loci의 장소로의 전환이라고 볼 수 있다.

자장암의 배치 및 설계개념의 핵심은 아마 이러한 스토리에서 파생되었을 가능성이 높다. 2번에 위치한 바위에서 숨겨진 부처의 이미지가 발견되자 그곳은 석가의 설법의 장이 되었을 것이다. 거 북이바위도, 호랑이바위도 부처와 연계되었을 것이다. 그러나 터 가 부족하였을 것이다. 그래서 부득이 거북이 닮은 바위 위에 관음 전을 짓고 호랑이를 닮은 바위는 마애석불을 호위하는 호랑이가 되었을 것이다. 그 후에 금개구리와 관련된 설화가 완성되었을 가능성이 크다.

우리의 선조들은 이처럼 상상이 풍부했다. 부동의 바위조차도 상상에 따라서 거북이, 호랑이, 석가 등으로 변신하기도 하고, 금개구리를 탄생시키기도 했다. 그래서 우리의 땅은 살아 움직이는 공간이 되었다. 석가가 바위로부터 현현하면서 주위의 것들이 거북이, 호랑이 등으로 변해 살아있는 금개구리의 설화, 즉 우화allegory의 공간을 만들었다. 우화의 공간이란 수 없는 해석들이 가능한 공간이다. 설화는 그 대표적인 예다. 결코 고정된 공간이 될 수 없는 신비의, 해석 미완결의 공간이 설화의 공간이다.

많은 우화가 숨어있는 알레고리의 공간이다

마애석불을 기준으로 하여
    다른 패턴의 지붕양식을 좌우로 배치시킨 것은
참으로 재미있는 발상이다.
    리듬감과 다양성을 위해서 말이다.

▌타자화 되었던 마애석불이 이제는 중심화 되었다

석간수와 금와암혈자장암 배치도1은 관음전자장암 배치도3으로 둘러싸고 마애석불자장암 배치도2은 관음전과 세존각자장암 배치도4이 둘러싼다.

한 명의 가수가 여러 명의 래퍼에 의해 둘러싸여지는 것처럼. 대지는 좁고 마애석불은 좌우로 감싸야 하는 연유로 관음전 지붕의 한 면과 또 요사가 면하는 호암 쪽의 지붕면을 맞배지붕으로 하였다. 아마 관음전의 지붕 한 면을 맞배지붕으로 한 것이 마애석불을 보호하기 위한 것이었다면 호암을 면하고 있는 지붕을 맞배지붕으로 한 것은 선조들의 조형감각에서 나온 듯하다.

관음전 지붕의 한 면만 맞배지붕으로 한다면 아마 리듬감이 사라질 것이다. 이는 세존각과 자장전의 지붕이 맞배형이란 점을 보면 쉽게 알 수 있다. 마애석불을 기준으로 하여 다른 패턴의 지붕양식을 좌우로 배치시킨 것은 참으로 재미있는 발상이다. 리듬감과 다양성을 위해서 말이다.

산의 능선과 지붕이 절묘하게 어울린다

리얼리티와 상상의 '대세우기'가 허물어지다

거북이(두꺼비) 등에 올라 나는
오늘 기운을 좀 차리이느니.

거북이 등에서 우리가 상상할 수 있는 무수한 것들과의
소통은 이미 상기의 시를 통해서 경험한 바 있다. 우리는 바
위를 통해 새로운 세계와 상상으로 소통한다. 바위 위에선
이처럼 상상의 세계와 리얼리티의 세계는 아예 구분조차
없다. 그 예시가 바로 금개구리 설화다. 나비, 거미, 곤충이
되고 師의 밥상을 오르거나 어깨 위에 홀연히 나타났다 사
라지는 것 등을 아울러보면 상상의 세계와 리얼리티 세계
가 특별히 구분되어있지 않지 않은가?

상상과 리얼리티의 '대세우기'가 사라진다면 우리의 상
상이 리얼리티 속으로 마음껏 작동해 들어가 이미지들을
가득 채울 것이다. 기능주의 건축은 여태껏 상상과 접속되
지 못했다.

생태, 친환경, 저탄소녹색성장, 심지어 초고층 등의 문제
도 상상과 리얼리티의 대세우기를 타파하고 그 둘이 서로
커뮤니케이션을 하도록 하면 상호공존 및 상생의 해결점이
보일 것이다. 상상 속의 거미나 나비, 개구리 등이 나와 공
존의 대상임을 알고 상호소통을 하기 시작하는 점이 바로
해결점이다. 상상이 훨씬 큰 곳에서는 리얼리티가 허구적
으로 되고 리얼리티가 월등히 큰 곳에는 꿈의 공간이 사라

┃ 사찰의 벽면은 많은 알레고리로 채워져 우리의 상상력을 자극한다

진다. 이 둘의 대세우기가 타파되고 동등하게 되면 우리의
삶은 한층 탄력을 받게 된다. 호랑이, 거북, 개구리, 석불 등
이 관음전, 세존각, 자장전 등의 사이에 적절히 배치되어 자
장암 전체에 상상과 활력을 주고 있다. 그야말로 리얼리티
와 상상의 다이내믹한 결합이다.

우측 땅에서 솟은 바위는 거북이 머리고 좌측 마루에 솟은 바위는 거북이 꼬리에 가까운 부분이다

　자장암의 외부 상상의 세계는 주로 바위와 관련된 것이다. 이 바위는 상기에 기술한 바와 같이 내부공간에도 나타난다. 관음전 내부 위로 솟은 구암도 재미있다.

　구암이 방바닥에 들어나면 들어나는 대로 그대로 두어 인위적으로 어떤 조치를 취하지 않았다. 외부의 호암, 구암, 석불 등에서도 인위적으로 호랑이를 더 닮게, 거북이를 더 닮게, 석불을 더 닮게 하려고 애를 쓰지 않았다. 애를 쓰는 순간에 호랑이, 거북이 석가가 돌에서 현현하던 모습이 사라지고 인공적인 가공의 돌만 남겨질 것이므로 구테여 손을 대지 않았다.

　맞배지붕을 써야 하는 곳에서는 거침없이 그것을 썼고 팔작지붕이 요구되는 곳에는 그것을 과감하게 사용했다. 규칙과 법칙에 충실하기보다는 리얼리티기능와 상상에 더 애착을 가졌던 것 같다.

　한편으로는 규칙이나 법칙보다는 외부적인 관계를 우선시 하였던 것 같다. 금와암혈, 호암, 구암, 마애석불 등의 외부적 천연지물들의 관계를 보고서 사찰의 배치를 시작했다. 그러나 또 한편으로는 금와암혈, 호암, 구암, 마애석불 등에 의한 우화가 사찰의 배치 골격 사이에 상상으로 숨어있다. 달리 말하면 리얼리티는 상상의 구체적 역동성을 흡입하고 있다.

바위가 있으면 있는 대로 목재가 휘면 휜 대로 사용하던 우리 조상 덕으로 고졸의 미가 우리 것으로 계승되었다

공(空)은 비어있는 것이 아니라 무한한 상상들로 꽉 차 있다

자연바위 속에 수많은 이미지들 중에서 주체 혹은 이데올로기 등에 의해 전경화된 것이 이미지나 알레고리로 전면에 나선다. 그리고 나머지 이미지나 알레고리는 리얼리티 속에 숨어버린다.

우리의 옛 선조들은 숨어버린 이미지나 알레고리를 구태여 전경화시키려 애쓰지 않았다. 리얼리티 속에 숨은 것은 여백 공간을 통해 그것들이 드러나므로 구태여 전경화시키려는 집착을 갖지 않는다. 배경화된 것은 리얼리티 속의 여백을 통해 이미지나 알레고리로 끊임없이 드러난다는 사실을 알고 있으므로. 사찰의 경우 마당을 여백의 공간으로 볼 수 있다.

리얼리티로 구축된 사찰 사이의 빈 공간은 상상의 공간으로 전경화되어 나타나고 마당에는 배경화된 상상이미지나 우화이 가득

인차의 원리에 의해 암자를 배치했음에 틀림없다

차게 되어 있다. 예를 들면 관음전 내부에 솟은 구암의 경우 현실적으로는 방의 일부로서 방을 차단하지만 방 전체로 보면 구암으로부터 샘솟는 무한한 상상이 꽉 찬다고 볼 수 있다. 그래서 '거북이 바위 위의 집에 올라간 나는 기운 좀 차리이느니. …' 공空은 비어있는 것이 아니라 무한한 상상들로 꽉 차 있으므로 나는 그로부터 기운을 얻는 것이다.

천연지물에서 애매모호한 것, 쓸모없는 것, 삐뚤어진 것, 기형적인 것 속에는 말할 수 없는 보물이 있다. 자장암이 우리에게 주는 교훈은 이러한 것들이 인간의 작위에 의해 명확한 것, 유용한 것, 똑바른 것, 정상적인 것으로 바뀔 때엔 우리 주위의 공空은 그냥 텅 비고 말게 된다는 것이다.

* 자장암(慈臟)은 경남 양산시 하북면 영취산(靈鷲山) 통도사의 말사임.

《자장암 가는길》

空은 비어있는 것이 아니라
무한한 상상들로 꽉 차 있으므로
나는 그로부터 기운을 얻는 것이다

연산동 자이갤러리

'임' being에서

'됨' becoming으로

자이갤러리는 임시적이고 유동적이다

현대는 '임'being의 시대가 아니라 '됨'becoming의 시대
이다. 고정의 시대가 아니라 변화의 시대이다. 그렇다.
변화와 새로움이 물밀듯이 밀려오는 것을 매일 목도한
다. 어제 새로웠던 것이 오늘 이미 오래된 것이 된다. 세
상의 변화의 흐름을 나만 비켜가는 것 같다. 현대인의
조급증은 이래서 생기는 모양이다. 수십 년 전 모 재벌
총수가 "마누라만 빼고 다 바꿔라"고 했다. 이러한 조류
를 일찍 읽었던 것 같다.

▌산을 단순히 보면 삼각형이지만 타자화 되어 숨어있는 것들은 무수하다

옆의 덩굴로 인해 산길을 걷는 기분이다

이 조류를 반영하듯이 건축에서도 변화와 새로움이 몰려오고 있다. 이 조류를 가장 잘 반영한 것이 모델하우스 건축이다. 그것은 일시적으로 신경향을 반영해야 하는 패션 건축이다. 패션의 의미는 최소한의 현실, 기억, 상상의 어우러짐이다.

최소한의 현실, 기억, 상상은 최소의 고정성, 임시성, 유동성을 낳는다. 건축가들은 패션의 의미가 최소의 고정성 때문에 너무 가볍다고 생각한다. 건축의 패션화에 대해 머뭇거린다.

패션 건축의 시작은 당연히 '됨'으로부터다. 이런 종류의 건축에서는 모더니즘 시대의 건축처럼 정해진 기능에 따라 실이 고정화되지 않는다.

예를 들면, 불특정 다수가 이용하는 모델하우스인 경우 어떤 이벤트event와 기억과 상상이 일어날지 모른다. 어떤 상황 하에서도 모델하우스는 그것답게 작동해야 한다. 그것은 단일기능을 수용한 실을 최소화하고 임시적이고 유동적인 공간을 최대화시킨다. 지역 사회의 돌발적인 이벤트, 기억과 상상의 나래를 수용할 수 있어야 하므로 당연히 임시적, 유동적이다.

건축의 형태 또한 임시적, 유동적이다. 현대건축 이전 오랜 시간 동안에 내외부의 힘에 견딜 수 있는 내구성 있는 재료가 주로 사용된다. 그것이 건축의 형태에 많은 영향을 끼친다.

벽돌, 콘크리트 등 강도가 비교적 높은 재료를 사용한다.

건물이 둔탁하고 미련스러워 보인다.

건축 재료의 발달과 더불어 건축에 즉흥성, 임시성 등이 가세한다. 건축 형태가 전보다 훨씬 가벼워진다. 형태의 유동성은 주로 가벼운 재료와 무거운 재료 사이의 은유적 상상으로 생긴다.

산을 여러가지 형태로 추상화하여 마치 큐비즘의 화폭을 보는 것 같다

모델하우스 건축는
일시적으로 *신경향*을 반영해야 하는
패션 건축이다

은유로 누구나 공감할 수 있는 산과 구름을 건축가는 택한다. 누구나 산과 구름에 대한 기억과 상상이 있다. 연산동 자이갤러리는 이러한 배경이 근본이 되어 탄생한다.

선인장은 식물 가운데 가장 추상적인 형태다. 추상적인 산의 분위기에 가장 잘 어울린다

자이갤러리의 설계개념은 입체산(cubic mountain)과 입체하늘(cubic cloud)이다

자이갤러리의 하부는 식재블럭으로 뒤덮여 있다 모서리 부분에 위치한 입구계단은 주차장 높이만큼 올라간 거대한 산을 연상시킨다. 입구계단 위로 올라가니까, 하이밸런스불소수지ETFE 에어쿠션을 사용하여 '존재감'이 거의 없이 머리 위를 덮는다. 마치 구름이 코앞에 다가와 있는 기분이다.

입구에 서니까, 산과 구름 사이로 빨려들어 가는 듯하다. 그리고 로비에서 정면으로 보면 '땅경치'groundscape와 '하늘경치'skyscape가 한눈에 들어온다.

땅경치는 세 개의 언덕과 세 개의 계단을 포함한다. 세 개의 언덕 위에는 꽃, 선인장 등이 서 있다. 하늘경치는 4m에서 10.6m까지 변화한다. 그것으로부터 구름과 유사한 느낌을 받는다. 건축가가 홈페이지에 올려놓은 설명처럼 '입체산'cubic mountain, '입체하늘' cubic cloud을 내부공간과 외부공간에서 느낄 수 있다.

산을 추상화한 입체삼각형이 무수히 나타난다. 또한 천정의 흰색은 구름과 유사한 분위기를 나타낸다. 비선형의 계단을 따라 올라가노라면 높은 산을 등산하는 것 같은 생각이 든다. 거기에다 키즈룸과 리프레시룸의 홀로 들어가는 입구, 갤러리 운영사무실, 클래스룸 1, 2, 오픈키친 등을 감싸는 복도의 출입구가 삼각형 형태다. 2층 기획전시실 평면마저 삼각형과 유사한 형태를 띠고 있고 대부분의 공간의 모서리 부분은 예각이다. 여기에다 천정이 흰색이어서 더욱 더 구름 가까이서 등산하는 느낌을 준다.

위에서 살펴본 바와 같이 자이갤러리의 핵심개념은 입체산cubic mountain과 입체구름cubic mountain이다. 이 디자인을 지배하는 것은 바로 산을 추상화한 삼각형 혹은 이와 유사한 형태이다. 심지어 외벽을 따라 형성된 수목의 배열구도조차도 삼각형으로 되어 있다.

초기의 설계개념을 디테일까지 가져가는 데는 상당히 어려운 일임에도 불구하고 수목에까지 일관되게 관철시키고 있다. 설계개념이 강력하지 않으면 초기 설계개념은 흐지부지하게 되는 경향이 있다.

　　도시 한가운데 입체산과 입체구름을 인공적으로 만들어낸다는
것은 참으로 놀라운 발상이다. 이런 놀라운 발상의 구체화는 군데
군데 나타난다. 지하 1층 주차장 필로티에서 엘리베이터를 타면 1
층에서 장식을 배제한 강한 백색의 공간을 만나게 되어 구름 속에
떠 있는 듯한 낯설음을 느낀다. 이것은 앞으로 나타날 상층부에 대
한 암시이기도 하다. 하이밸런스 불소수지 공기막 쿠션에 비친 야
간조명으로 인해 우리는 또 한번 놀란다. 꿈을 꾸는 듯한 몽상의
세계가 성큼 다가옴을 느낀다. 건축은 더 이상 고정적이 아니다.

Ⅰ 삼각형 형태로 추상화된 내부는 한편으로 종이비행기를 연상시킨다. 위로 위로 날고픈 마음을 자극한다

큐빅 마운틴이 우리의 현실이라면 큐빅 클라우드는 꿈이다. 꿈과 현실이 만나는 곳에서야말로 변화와 새로움이 적절히 존재한다. 현실은 비교적 이성적이다. 이성이 강하면 변화와 새로움이 더디다. 상상이 결핍되면 삭막한 현실만 존재할 뿐이다. 상상 혹은 구름으로 은유되는 세계는 부유하는 유동성의 세계다. 또한 임시성의 세계이기도 하다.

대지에 못 박힌 도시 내의 수많은 건물 가운데 몇 개는 구름처럼 흘러야 되지 않을까? 하늘을 잊고 사는 현대인들은 하늘의 임시성과 유동성을 잊어버렸다. 다시 말하면 산처럼 고정적이고 영구적인 것만 오래 동안 숭배해왔다. '임'being을 중시한 것이다. 예를 들어 '산이다', '구름이다' 할 경우 현재형으로 그대로 존재하는 것이지 변화형은 아닌 것이다. 그런데 '됨'becoming은 현재의 그것이 아닌 새로운 것을 지속적으로 생성시키는 것이다.

자이갤러리의 내부공간을 보면 고정되어 '임'being이 되는 것이 거의 없다. 적어도 관람자의 관점에서 보면 말이다. 내부기획전시실의 어디서 무엇이 일어날 것인지 예측불허이다. 문화행사 프로그램을 보면 확실히 알 수 있다. 2009년 9월인 경우, 〈마술사 루와 함께하는 매직쇼〉, 10월인 경우, 〈신나는 두드림 타악 페스티벌〉, 11월인 경우, 〈비보이를 사랑한 발레리나〉, 12월은 〈꼬마싼타 북극

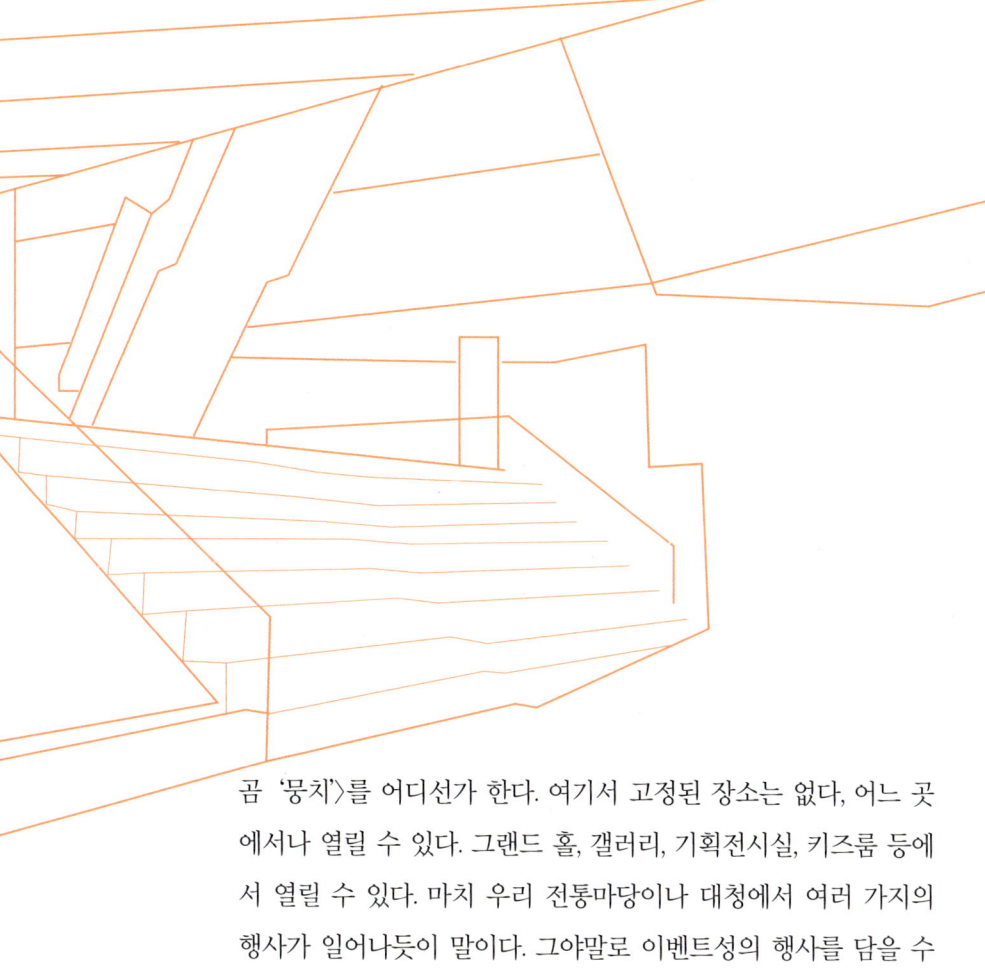

곰 '뭉치'〉를 어디선가 한다. 여기서 고정된 장소는 없다, 어느 곳에서나 열릴 수 있다. 그랜드 홀, 갤러리, 기획전시실, 키즈룸 등에서 열릴 수 있다. 마치 우리 전통마당이나 대청에서 여러 가지의 행사가 일어나듯이 말이다. 그야말로 이벤트성의 행사를 담을 수 있는 '됨'의 공간이다.

융통성 있는 계단이 여러모로 활용된다

천정을 가로지르는 사선형의 계단은 내부를 더욱 역동적으로 만든다

자이갤러리는 현대건축의 방향성이 '됨'임을 암시한다

2층 기획전시실은 1층에 비해 더욱 추상적, 입체적이다. 추상적인 산의 모습이 삼각형, 모서리에서 삼각형을 연상시키는 예각 등으로 인해 다채로운 산의 모습을 연상시킨다. 추상화된 산의 이미지의 중첩과 아울러 천장의 차이로 인해 생기는 다양한 구름 모습의 중첩이 어우러져 우리를 한층 더 꿈의 세계로 귀환시킨다. 실내정원에서 볼 수 있는 선인장, 유카 대나무 등의 현실적인 것들이 우리의 꿈의 세계를 더욱 더 낯설게 만든다. 현실적인 것들과 불일이불이적不一而不二的 짜깁기로 인해 아이러니하게 우리는 더욱더 꿈의 세계로 빠진다.

3층은 분양전시실로 모델하우스 분양사무실이다. 2개의 프로젝트6개 유니트를 동시에 전시할 수 있다. 그리고 이벤트를 위한 공용공간이 있다. 분양관으로 향하는 계단은 마치 우리가 구름 위를 걷는 듯한 착각에 빠지게 한다. 유리 너머로 희미하게 보이는 바깥 풍경은 아마도 다른 세계이리라. 내부의 주조색은 흰색이다.

마침내 우리는 구름 속으로 진입한 것이다. 우리가 딛고 선 것은 대지가 아닌 구름이리라. 비록 '저편'에는 현실이 존재한다 하더라도 '이편'에는 꿈의 드림하우스인 모델하우스가 있지 않은가? '이편'의 모델하우스의 A형은 평당 얼마나 할까 하는 순간에 구름 위로 걷던 우리는 그만 지하주차장 아래로 추락하고 만다. 올라갈 곳이 있으면 추락할 곳도 있기 마련이다.

지하주차장에 들어서면 현실감이 되돌아온다. 검은 바닥, 일렬로 줄선 차들, 이곳이야말로 내가 사는 곳이다. 차를 타고 나온다.

그래 '저곳'은 현실에서 꿈의 세계로 인도하는 곳이야 하고 중얼거린다. 구름 속에 덮인 거대한 산을 이미지화한 곳이 바로 '자이갤러리'다.

멀리 보이는 산은 단지 삼각형으로 보인다. 그러나 막상 들어가면 그 속에서는 수많은 체험을 다채롭게 한다. 순간, 순간 변화와 새로움, 즉 '됨'을 체험한다. 그런데 우리는 왜 수많은 산의 체험을 단지 삼각형으로 치환할까? 즉 고정화시킬까? 즉 '임'으로 고착시킬까? 많은 느낌이나 생각들을 단순화한다.

짐이 많을수록 이사하기 어려운 법, 복잡하면 통제하기가 쉽지 않다. 인간이 앞으로 나아가기 위해선, 즉 발전하기 위해선 자연을 단순, 명쾌화한 것이 효율성이 높다. 효율성이 높다는 것은 경제성이 있다는 것이다. 고효율, 저비용은 공학, 아니 전 학문이 추구하는 바이다. 그러나 단순, 명쾌화된 것이 대물림으로 고착화되어 습관적 이성으로 환원됨으로써 자이갤러리에서와 같은 다양한 체험, 꿈, 상상은 소실되었는지 모른다. 이젠 아예 복잡한 것을 단순한 것으로 환원시킬 능력만을 타성적으로 갖고 있는지 모르겠다.

다양한 체험, 꿈, 상상의 바탕이 되는 지각, 기억, 촉감, 육감 등의 미묘한 능력은 아예 소실되어 가고 있는지 모른다. 그런 탓인지 자이갤러리 한편, 사무공간에서는 일렬로 정리정돈된 칸막이형 책걸상이 정말로 '습관적 이성'으로 가지런히 배열되어 있다. '됨'을 '임'으로 환원시킴으로써 우리는 많은 것들을 잃었다. 자이갤러리가 우리에게 주는 암시는 변화와 새로움의 세계, 즉 '됨'의 세계로 돌아갈 것을 재촉하는 듯하다. 시인 김기택의 시, '신생아 3'이 실감나게 다가온다.

아기의 맑은 울음소리
시냇물 소리로 듣는다.
바람소리로 듣는다.
어두운 귀 열어
그 원시림을 한껏 들이쉬니
사각의 아파트 실내가 문득
깊어지고 울창해진다.
사각의 실내 아파트조차도 '임'이 아니라 '됨'이다.
깊어지고 울창해지므로, '됨'이다.

(김기택, 『사무원: 김기택 시집』, 창작과 비평사, 1999, p. 48)

《연산동 자이갤러리 가는 길》

저 세상으로 가는 것 같은 아득한 에스컬레이터.
그 위에는 새로운 세상이 펼쳐질 것 같은 기대감을 갖는다

비정형의 내부구도가 우리를 정착하지 못 하게 한다. 우리를 영원히 배회하게 한다

해운대 신세계 · 롯데백화점 센텀시티점

욕　　망　과

사 역 fourfold 의

갈 림 길 에 서

낮과 밤이 교차되는 순간 우리는 욕망의 불모가 되기도 하고 사역의 순수로 되돌아가기도 한다.
우리란 존재는 과연 무엇일까? 천사인가. 악마인가

이익을 남기는 부분은 철저히 챙기고 나머지는 내팽개치는 우리의 자화상을 엿볼 수 있다

인간은 사역(fourfold)의 요구에 부응하지 못하고 욕망에 기운다

조금은 시적이긴 하지만 우리가 도시나 건축을 구축할 때 땅, 하늘, 전통, 인간이 서로에게 물어볼 필요가 있다. 4자 간의 의견교환이 필요하다. 그래서 합의가 필요하다. 합의가 이루어질 때 서로 간의 역할분담이 주어질 것이다. 역할분담이라곤 하지만 서로 섞이어 작업을 하게 되므로 4자 간의 상호관입이다.

우리는 하늘, 땅, 전통, 인간기술 기억, 꿈, 상상, 목적이 서로 어우러져 혼연일체를 이루면서 동시에 끊임없이 변하는 맛을 지닌 곳에 실존적으로 살고 있다. 이들 네 요소의 상호관입을 통칭하여 '사역'이라 부른다. 그런데 우리 인간은 사역과 욕망에 동시 거주한다. 독일의 철학자 하이데거Martin Heidegger가 설파했듯이 우리는 번번이 사역을 망각하고 세인의 욕망세계로 돌아온다.

이 사역으로 인해 세계는 고유의 맛을 지닌다. 우리는 이 사역의 일부이며 세계는 바로 지역이다. 이 지역은 바로 우리의 기억과 꿈, 상상, 목적으로 채색되어 있다. 우리의 삶을 담는 도시건축은 이들을 섞는 비빔밥이며 건축 또한 비빔밥의 한 부분이기도 하다.

하늘, 땅, 전통, 기술 기억, 상상, 꿈, 목적 등과 어우러진 건축은 늘 변화하면서 새로움을 우리에게 준다. 우리가 부산의 도시건축을 둘러싼 '따로 따로' 풍경으로부터 사역적 또는 지역적 풍경을 볼 수 있을 때 바로 이런 변화와 새로움의 기운을 쉽게 감지한다. 그러나 아쉽게도 많은 경우에 사역은 우리들 인간의 욕망에 대한 편애로 말미암아 고정적이고 단편적인 것들로 환원되고 만다.

▍바닥의 꿈틀거리는 선들은 욕망의 그것들이리라. 우리를 유혹하는 저 선들을 따라가지 말아야한다. 그러나 우리는 꾸역꾸역 그 선들을 따라간다

수영비행장이 센텀시티로 바뀌면서 부산은 새롭게 역동적으로 변화하는 세계를 창조할 기회가 있었다. 그러나 센텀시티의 한가운데로 수로와 녹지공간을 '사역'이 공통적으로 요구함에도 불구하고 센텀시티 건설 관계자는 이를 무심히 그냥 지나쳤다. 수로와 녹지가 땅들을 상호관입시켜 놓았을 법했는데 하나로 어우러져야 할 도시는 그만 파편화되고 고정화되어 따로따로 오브제들로 바뀌었다.

신세계백화점 센텀시티점이하 신세계과 롯데백화점 센텀시티점이하 롯데은 풍경의 풍경으로서 도시건축의 주위를 감싸 흐르는 기운을 무덤덤하게 그냥 지나친다. 물, 녹지가 도시의 중앙부를 관통했으면 땅과 하늘을 묶어주는 역할을 하였을 것이다. 사역은 요구한다. 신세계의 그 긴 매스를 좀 잘라주라고 말이다. 그러나 불행히도 긴 매스가 사역이 관통할 기회를 막는다. 더구나 롯데가 신세계 옆에 아주 밀착되어 있어 사역의 요구에 부응을 하지 못하고 있다.

신세계와 근방의 에이펙APEC 나루공원도 사역은 상호관입할 것을 요구한다. 신세계 따로, 롯데 따로, 수영강 따로 놀고 있음을 사역은 준열히 꾸짖는다. 인간의 독단으로 그런 결과가 나온 것임을 사역은 잘 알고 있다. 인간이 독단으로 도시건축을 하여서는 안 된다. 반드시 땅, 하늘, 그리고 영속적인 것들과 합의를 보아야한다. 서로 상호관입하여야 한다.

우리는 하늘, 땅, 전통, 인간이 서로 어우러져

혼연일체를 이루면서

동시에 끊임없이 변하는 맛을 지닌 곳에 실존적으로

살고 있다

┃ 휑하게 비어있는 매장내부. 비운 만큼 욕망이 도사린다

　　인간은 자신의 욕망을 채우기 위해 독선을 부린다. 적어도 공공
성을 띠는 도시건축에서는 사역이 되어 스스로 자문자답해 볼 필
요가 있다. 매장의 면적을 최대한 넓히기 위해 통경축 따위는 아예
무시해버리는 태도는 사역과의 대화가 전혀 되지 않는 상태다. 지
하철역에 바로 근접해 있는 두 백화점의 지하입구 앞은 사역과 전
혀 관련 없는 인공의 대지다. 소위 가상의 공간이다. 여기서부터는
사역과의 관계 두절이 이루어지고 인간의 욕망만이 존재할 뿐이
다. 다음에서 그 사례를 보자.

유일하게 사역을 느낄 수 있는 곳. 하늘, 땅, 신, 인간 중에서 인간과 하늘이 만나는 곳.
여기서 우리는 각자의 욕망에 너무 집착했음을 안다

일련의 띠형의 산책로 공원을 사역은 원한다

위로 올라가 외부공간을 우선 보자. 두 백화점 규모에 비해 외부공간이 턱없이 부족한 듯하다. 물론 이윤추구가 사기업의 궁극적 목적이라 할지라도 이 정도의 규모라면 공공성을 고려해야 한다. 아마 롯데가 먼저 지어졌을 것이다. 신세계가 나중에 들어설 것을 알았을 것이다. 이 경우 두 백화점이 서로 상생하는 모습을 보였다면 외부공간도 당연히 달라졌을 것이다.

두 백화점의 지하 외부공간 – 롯데의 지상 외부공간 – 신세계의 지상 외부공간 – 지하공원 – 에이펙 나루공원 – 수영강으로 이어지는 일련의 띠형의 산책로 공원을 사역은 원하고 있었는지 모른다. 사역은 상호관입을 원하므로. 두 백화점이 조금만 의사소통해서 상호관입했더라면 세계에서 알려진 '명품백화점'이 되었을 것이다. 사역은 궁극적으로 인간에게 이윤을 부여한다.

사역을 등지고 두 백화점 모두 욕망에 사로잡히다

신세계는 AIDMA법칙주목 – 흥미 – 욕구 – 기억 – 행동에 맞추어 내부공간과 외부공간을 철저히 계산적으로 배열한다. 인간은 주목을 하고 흥미를 보이다가 욕구를 느끼고 기억을 통해 구매에 대한 확신을 했다가 다음에 구체적인 구매행위를 하게 된다는 구매의 법칙이다.

센텀광장을 백화점 한가운데 둠으로써 동선을 안으로 끌어들이는 역할을 한다. 우선 센텀광장으로 주목하게 한 다음 흥미를 끌고 욕구를 일으키고 기억을 통해 확신케 하고 구매를 유발시킨다. 센텀광장으로 온 이상 에스컬레이터를 타고 구매욕과 함께 '위로 위로' 올라가지 않을 수 없다. 센텀광장 밑에서 에스컬레이터를 타고 올라가는 이를 보노라면 동참하지 못함을 못내 아쉽게 만든다.

비록 사역과의 대화는 아니지만 인간과 하늘과 간접적으로 대화할 수 있는 층간의 관입형의 공간은 매우 인상적이다. 욕망이 위로 위로 솟아 올라가는 구조다. 한편으로 센텀광장은 에스컬레이터를 타고 아래로 내려가면서 자기의 욕망의 크기를 반추해볼 수 있는 좋은 건축적 장치이기도 하다.

돈 많이 가진 자들의 구매욕을 건드려 품격 있게 돈을 쓰게 하는 곳이 바로 신세계이다. 그렇게 되려면 우선 평면형태가 자유분방하여야 한다. 그것은 문화집회시설의 배치형태를 보면 금방 알 수 있다. 또한 에스컬레이터 층간의 열림open의 형태나 에스컬레이터의 배치에서 자유분방함을 통해 금방 알 수 있다. 6~9층에 배열된 각종 시설의 배치도 상당히 자유롭다.

게다가 스파랜드와 아이스링그까지 여유롭게 지니고 있다. 이런 수익시설에 비해 공공성을 띠는 옥상정원은 1층 외부공간에서나 내부공간에서도 접근하기 힘들다. 구석에 있기 때문이다. 띠형의 산책로공원과 옥상정원이 묶여질 것을 사역은 간절히 원했는지도 모른다. 사역은 상호관입을 통해 온 세계와 교류하기를 원하고 있기 때문이다.

▌ 이상한 붉은 색의 고깔모자를 쓰고 있는 집은 어린아이를 백화점으로 끌어들이는 데 교두보 역할을 한다

롯데는 센텀광장 같은 것이 없다. 하늘과 건축물 간의 간접적인 관통도 없다. 그 대신에 1층의 외부공간이 신세계에 비해 아기자기한 맛이 난다. 신세계는 1층의 외부공간은 그냥 횅한 분위기인데 여기서는 뭔가 잡아당기는 것이 있다. 아마 군데군데 적절히 배열한 쉼터 때문일 것이다. 이것이 두 백화점의 판매 전략의 차이다. 신세계는 대담하게 정공법을 구사한다. 자신이 있다. 한번 우리 매장에 얼른 들어와 보라는 약간의 고압적 자세를 취하므로 오히려 손님을 자극하는 일종의 고도의 전략이다.

이에 비해 롯데는 저자세다. 고객의 유인책으로 옥외쉼터를 적절히 구사한다. 쉼이라는 미끼 후에 다시 안으로 끌어당긴다. 에스컬레이터를 타고 가면 오픈된 공간 아래로 펼쳐지는 무수한 상품들. 신세계에서는 상품에 대한 구매욕보다는 품격에 대한 구매욕이다. 롯데에서는 상품 자체에 대한 욕망이다. 촘촘히 배열된 진열대가 그것을 보여준다. 죽은 공간이 거의 없다. 고객 휴게공간 역시 쉬면서도 상품에 대한 집착을 놓쳐버리지 않게 고안되어 있다. 신세계와는 달리 손에 닿을 듯한 상품들, 어찌 안사고 견디랴. 평면형태가 짜임새가 있다. 8~9층의 공연장 배열 하나만 보더라도 금방 표가 난다. 10층을 보면 롯데의 옥상공원은 아예 없고 이벤트나 골프연습장에 온 고객을 위해 쉼터가 있지만 있는 둥 마는 둥하다. 배치상으로 보아서도 외부사람이 쉽게 접근하기가 어렵게 되어 있다. 롯데 역시 어디를 둘러보아도 사역의 흔적이 보이질 않는다. 우리의 욕망만 보일 뿐이다.

이젠 외부형태로 가보자.

신세계는 미국의 백화점 메이시를 닮은 듯하다. 거대한 규모임에도 불구하고 단순하고 큰 모습 자체가 미국적이다. 신세계가 주변과 따로 놀듯이 각 매스마다 따로 논다. 철골구조에다 복층 유리로 된 1/4원통형 철골매스, 파형으로 된 전면부 매스, 전면부 뒤쪽의 화강석으로 마감된 사각박스형의 매스, 철재프레임 전면부에 있는 매스 등등이 상호관입되지 못한 채 민망스럽게 서 있다. 건물의 매스끼리 상호소통이 되지 않는데 어떻게 땅, 하늘, 전통들 그리고 인간들과 상호관입을 이룰 수 있겠는가. 1/4의 원통형 철골유리매스의 점층적 포개짐은 조개들을 표현하고 정면의 파형의 형태는 바다의 물결을 상징한단다. 전면의 박스형 철재 프레임이 눈에 많이 거슬린다. 이것으로 인해 단순성이 훼손되고 있는 듯하다.

신세계에 비해 롯데는 너무 아기자기해 일본 냄새가 심하게 난다. 너무나 많은 조형요소를 사용해 어질어질한 느낌이 든다. 외부 커튼 월이 프레임이 격자가 너무 촘촘해 안 그래도 답답한 매스가 더 답답한 생각을 들게 한다. 엘리베이터실을 덮는 수직으로 올라가는 파형의 유리 형태가 조형상의 주요개념인 것처럼 보인다. 신세계와 인접한 벽면을 제외하고는 평면적인 파형의 유리 형태가 수평적으로 쓰이기도 한다. 그러나 수직적 파형과 평면적 파형 요소간의 어울림이 있는 것 같지 않다. 물론 파형이라는 요소들에 의해 건물이 하나라는 느낌이 산만하게 든다. 하여튼 눈에 들어오는 단위면적당 조형요소가 너무 많다. 특히 신세계와 비교되어 그런 느낌이 상대적으로 강하다.

▌이 귀한 외부공간을 왜 삭막하게 그냥 둘까?

건물의 매스끼리 상호소통이 되지 않는데
어떻게 땅, 하늘, 전통들 그리고 인간들과
상호관입을 이룰 수 있겠는가

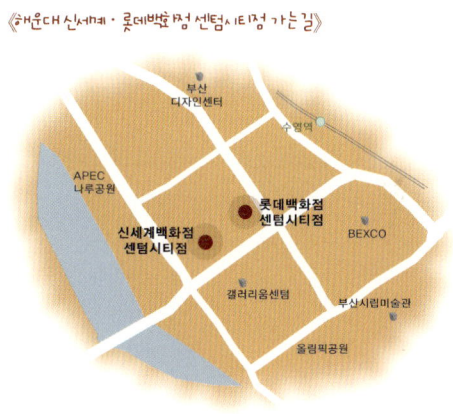

《해운대 신세계·롯데백화점 센텀시티점 가는 길》

모사품들의 경연장인 지방은 이제 지역으로 바뀔 것을 사역은 요구한다

우리나라에는 지역이 없다, 오직 서울에 대하여 지방만 있다. 부산에는 부산이 없다. 신세계백화점 센텀시티점, 롯데백화점 센텀시티점 등의 아류만 있기 때문이다. 해운대점은 서울본점의 모사이고 서울본점은 미국·일본 백화점의 모사이다. 부산이 선진국의 모사인 서울의 재현 장소로 전락하고 있는 한 역동적으로 움직이는 사역은 여전히 풍경 밖의 풍경일 뿐이다. 사역이 다시 살아날 때, 지역도 다시 살아날 것이다.

퓨   전

혹   은

크 로 스 오 버

▌내부와 외부간의 퓨전이 잘 일어나고 있음에도 불구하고 그 퓨전을 다른 곳으로 전이 시키는 데는 역부족이다

퓨전fusion, 융해이란 이질적인 요소들의 융합으로 새로운 정체성을 획득하는 것이고 크로스오버는 장르들이 각자의 정체성을 유지하면서 결합되는 것이다. 건축물에서 퓨전이 일어날 경우는 상호관입으로 한 덩어리가 된 것을 의미하고 크로스오버가 일어나면 개별성을 유지하면서 한 덩어리가 되었음을 뜻한다. 어떤 도시건축을 짓던 간에 퓨전으로 새로운 아이덴티티가 창출되어야 한다.

내부와 외부가 퓨전이 된다. 건축물과 중정이 서로 상생하고 있다

외부공연장은 공연용 건축적 장치이기도 하다

음악관은 세 가지 측면에서 퓨전을 시도한다

음악관은 세 가지 측면에서 퓨전을 시도한다. 첫째, 내외부공간의 퓨전이다. 건물을 필로티로 들어서 외부의 이용자가 쉽게 중정을 바라보고 접근할 수 있도록 한다. 대학 내의 커뮤니티와 융해를 위해서 다음과 같은 적극적·건축적 장치가 설치된다. 개인연습실 쪽의 계단실을 2.1m×2.8m를 내밀어 유리박스를 만들어 내외부 공간의 퓨전을 시도한다. 안쪽의 개인연습실은 중정 쪽을 향한 창을 투명 복층유리로 처리해 내외부 공간의 흐름을 만든다. 소극장의 일직선 내부 계단실을 중정과 마주보도록 하여 내외부 공간의 흐름에 일조한다. 특히 지상 5층에서는 내외부 공간의 흐름이 정점에 도달한다. 복도와 발코니에서 일어나는 내외부의 퓨전은 일품이다. 지상2층 소극장 출입구 주변의 분위기, 특히 외부중정을 향한 분위기는 옛 본관인 인문관과 흡사하다. 비록 건축물 형태들은 凹凸로 서로 반대지만, 건물 전체의 주류적인 분위기가 인문관과 흡사하다. 인문관의 그것과 흡사한 것은 부산대학교 건물들 중에는 없다. 건축물이 주변 맥락에서 분위기를 차용 및 변용한 것을 보면 인지상정人之常情이어서 반갑다. 같은 맥락에 위치한 주요 건축물과 유사한 분위기로 새롭게 재해석, 사용된 것은 시간적·공간적으로 깊이감과 함께 주변 맥락과 상생하는 느낌을 준다.

둘째, 이 건축물은 음악과의 퓨전을 시도한 것처럼 보인다. 음악관이기 때문이리라. 계획 당시의 조감도를 보면 전면은 스텐레스스틸 미러루버 마감으로 처리해 홀로그램 이미지의 벽으로 전환시켜 4계절의 시간적 리듬을 담았다. 스텐레스스틸 미러루버는 건

반처럼 리드미컬하게 되풀이되면서 필로티 상부를 덮고 있다. 제1
예술관을 마주보며 음표의 '콩나물 머리' 모양으로 파진 중정은
이 건축물을 더욱 음악관답게 만든다. 게다가 옥상정원과 계단실,
물탱크실 등의 리드미컬한 매스감은 더욱 더 음악관답다. 필로티
하부 매스처리도 단조로운 리듬의 반복에 대조적인 불협화음들이
가로지른다. 계획 당시는 음악과 확실한 상호관입이 이루어진다.

　건축가의 이러한 계획들은 주이용자들인 '교수님들'의 경제
적·실용적 사고로 인해 좌절된다. 저렴한 외장재를 사용하는 대
신 그 돈을 소극장에 투여하자는 것이 교수님들의 의견이라고 한
다. 또 한편으로 스텐레스스틸 미러루버를 할 경우 풍광을 막는다
고 반대했다고도 한다. 그 결과로 사용된 재료는 압출성형시멘트
패널과 투명 복층유리다. 이러한 치환행위는 5차원에서 2차원으로
추락한 것 같은 느낌을 준다.

셋째, 자연과 건축물과의 퓨전이 괄목할만하게 눈에 띤다. 제2예술관이 건립되기 이전에는 그곳이 울창한 수림지역으로 소나무가 무성한 곳이다. 이런 풍부한 자연환경 속에서 건축물을 짓기란 어려운 법일 수도 있고 쉬울 수도 있다. 세상은 마음먹기 나름이다. 자연환경에서 발견되는 풍부한 이미지들을 어떻게 수용할 것인가가 문제다. 자연을 드러낼 것인가, 건축물을 드러낼 것인가? 둘을 동시에 드러낼 것인가? 즉, 가치관의 문제다. 동양의 가치관으로 보면 자연을 앞세우고 건축을 뒤로 할 것이다. 자연이 전경이 되고 건축물이 배경이 된다. 서양의 그것으로 보면 건축은 앞서고 자연은 뒤에 머물 것이다. 건축물이 전경이 되고 자연은 배경이 된다. 한편 우리의 자연관은 상호 주고받기다. 자연=인간인 것이다.

인문관(구 본관: 건축가 김중업의 작품, 최근에 리노베이션을 함)이 볼록이면 음악관은 오목이다. 중정부분에 있어 인문관에 대한 재해석이 뛰어나다

보여도 조금씩 조금씩 보일 뿐이다.
보는 자가 원하면 보이는 것은
머리를 살며시 드러낼 뿐이다.
보는 것 과 보이는 것이 서로 엮이어 있다.

우리나라 전통 건축물을 보자. 사찰인 경우, 입지 자체가 돌고 도는 길을 따라 깊숙한 안쪽으로 숨는다. 건축물이 잘 안 보인다. 보여도 조금씩 조금씩 보일 뿐이다. 보는 자가 원하면 보이는 것은 머리를 살며시 드러낼 뿐이다. 보는 것과 보이는 것이 서로 엮이어 있다. 오른손이 왼손을 잡으면 왼손이 오른손을 잡았는지 오른손이 왼손을 잡았는지 모른다. 이 생각을 연장하면 내 자신이 이 광활한 우주 속에 있는지 이 우주가 내 속에 있는지를 모른다. 시인 최하림은 그러한 경험을 "억새풀들이 그들의 소리로"에서 다음과 같이 기술한다.

> 억새풀들이 그들의 소리로 왁자지껄 떠들다가
> 한 지평선에서 그림자로 눕는 저녁,
> 나는 옷벗고 살 벗고 생각들도 벗어버리고
> 찬 마루에 등을 대고 눕는다 뒷마당에서는
> 쓰르라미 같은 것들이 발끝까지 젖어서
> 쓰르르 쓰르르 울고 있다 감각은
> 끝을 모르고 흘러간다고 할 수밖에 없다.
>
> (최하림, 『풍경 뒤에 풍경: 최하림 시집』, 문학과 지성사, 2002, p. 63)

"쓰르라미 같은 것들이 발끝까지 젖어서"라는 구절을 보면 쓰르라미가 외부에 있는지 시인의 몸 속에 있는지 알 수 없다. "감각은 끝을 모르고 흘러간다고 할 수밖에 없다" 시인의 감각은 온 우주를 흘러 그것을 꽉 채운다. 우주와 시인은 서로 부둥켜안고 있는 것이다.

상기의 시에서처럼 이 건축물이 주위의 자연환경과 서로 부둥켜안고 있기는 참으로 어려운 것 같다. 그렇다 하더라도 자연이 건축물 내에서 쓰르라미 같은 것들로 건축물을 젖게 할 수는 없을까? 필로티로 노출된 중정과 그 주변의 소나무들, 그리고 주차장 안쪽에 있는 큰 돌들이 시인이 아닌 건축물의 "발끝까지 젖어서 쓰르르 쓰르르 울고 있다."

배치형태와 내부공간을 퓨전의 관점에서 보다

배치형태에서 퓨전을 보자. 인접미술관에서 행하는 학생들 야외작업의 소음과, 대지의 평면적 형태, 서쪽으로 수직 상승하는 대지의 형상, 양호한 수림대의 적극적인 이용 등이 고려되어 이 건축물은 옆쪽의 미술관으로 열린 타원모양의 중정을 가진 역逆 ㄷ자와 유사한 배치형태를 가지고 있다. 지형지물에 순응하기가 건물배치의 주요개념인 듯하다. 지형지물과 건축물 간의 퓨전이 배치이 주요개념이다.

퓨전의 관점에서 이제 내부공간으로 가보자. 지상 1층 필로티 하부의 주차장에서 주출입구를 거쳐 엘리베이터20인승를 탄다. 또는 외부계단을 거쳐 중앙중정으로 갈 수도 있다. 이 외부계단은 중정과 외부를 퓨전시키기 위한 건축적 장치다. 지상 2층에서 엘리베이터를 내리면 왼쪽은 개인연습실들25개이 있다. 중앙부에는 야외무대가 있다. 이 야외무대는 중정과 외부를 퓨전시키는 훌륭한 매개공간이다. 엘리베이터를 중심으로 하여 오른쪽에는 소극장이 있다. 이 극장 때문에 이 건축물이 지어진 것 같다.

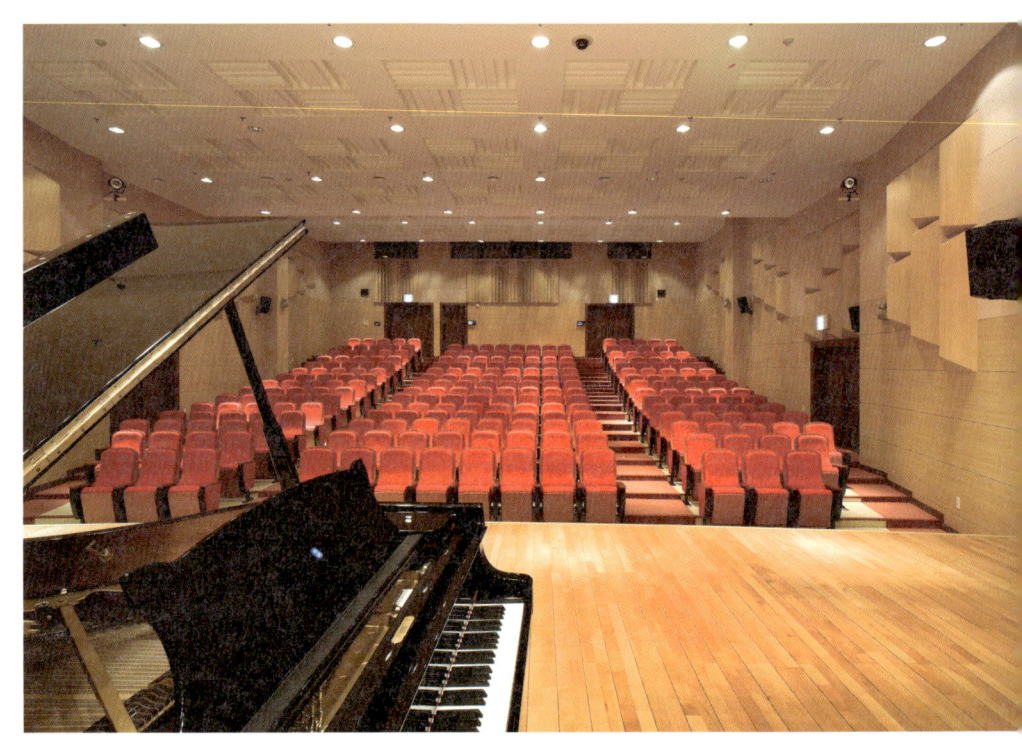

소극장은 명품관을 지향하는 듯하나 건물 외부는 명품건축을 지양하는 듯하다

엘리베이터로 지상 3층에 올라가면 왼쪽으로 개인 연습실들17개이 있고 엘리베이터 뒷면에는 휴게용 데크가 있다. 지상 4층에 엘리베이터로 올라오면 왼쪽에는 교수연구실들10개이 있다. 중앙부에는 합창실과 행정사무실이 있다 오른쪽에는 자료감상실, 자료실, 강의실, 학생회실 강사지도실, 오케스트라실 등이 있다. 5층 역시 엘리베이터를 타고 올라가면 교수연구실들12개이 왼쪽에 있고 중앙부는 실내악실이 있다. 그 외 오른쪽 단부에는 컴퓨터음악 세미나실, 컴퓨터음악 스튜디오, 강사지도실 등이 있다.

내부공간의 총체적인 문제점은 층과 층 사이의 퓨전이 없다는 점이다. 건물 외부형태는 역동적이고 주위와 퓨전이 잘 일어나는 반면에 층과 층, 혹은 전체 층 사이를 연결시켜주는 퓨전용 매개공간이 없다는 것이다. 또 아쉬운 점은 하늘과 건물과의 퓨전이 전혀 일어나지 않고 있다는 점이다. 물론 작업실, 강사지도실 등에서는 하늘이 필요가 없으나 특히 복도, 계단실 등에는 하늘을 볼 수 있는 퓨전용 건축적 장치를 만들어 주었으면 학생들에게 좋았을 것이다.

■ 외관은 전혀 퓨전이 되지 않고 있다. 크로스오버다

┃ 필로티에 의하여 이쪽과 저쪽이 상호관입하고 있으나 이를 방해하는 요소가 많다

내부공간의 문제점을 구체적으로 지적하면 1층 홀 공간이 짜임새가 없어 어수선하다. 주출입구가 건물의 얼굴로서 역할하기에는 뭔가 부족하다. 건물 전체에 대한 암시용 퓨전장치 같은 것이 결핍되어 있다. 4, 5층에서 행한 인문관의 재해석 작업이 여기서도 적극적으로 도입되었으면 더욱 좋았을 것 같은 생각이 든다. 이와 아울러 구 본관의 필로티 부분의 재해석을 통해 음악관의 필로티가 만들어졌으면 더 좋았을 것 같다. 구 본관과의 퓨전은 건물의 친밀감을 높이면서 동시에 낯선 새로움을 만나게 하므로 2층 내부공간에서 지적되어야 할 것은 획일적인 공간의 되풀이와 연습실 사이의 중복도로 인해 전체적으로 내부공간의 질이 매우 떨어진다는 점이다. 2, 3층에서도 옛 본관의 재해석 작업이 요구된다는 것이다. 4, 5층에서는 계단실을 중심으로 하여 좌우간 공간의 질이 너무 차이가 난다. 교수연구실은 갓복도에 쾌적한 공간이고 강의실, 강사지도실 등이 있는 공간은 속복도다. 전체적으로 보면 내부공간은 대체적으로 퓨전이라기보다는 크로스오버다.

쓰르라미가 쓰르르 쓰르르 건축물의 발끝에서 우는 듯한 느낌이 내부공간에서는 4, 5층 일부인 중정을 향한 복도부분을 제외하고는 거의 없다. 쓰르라미의 울음소리는 내부공간에서는 거의 들을 수 없다. 더구나 외벽에서는 들을 뻔 했던 그것의 울음소리는 거의 들리지 않는다. '쓰르라미'가 돈벌이하러 간 모양이다. 이것이 바로 자본주의의 한계다.

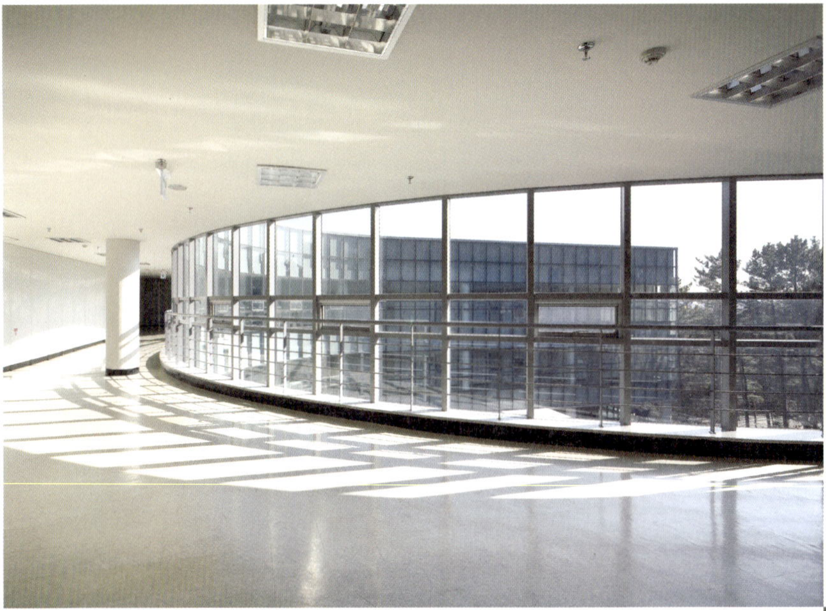

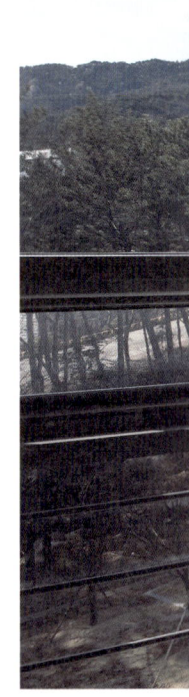

《부산대학교 음악관 가는길》

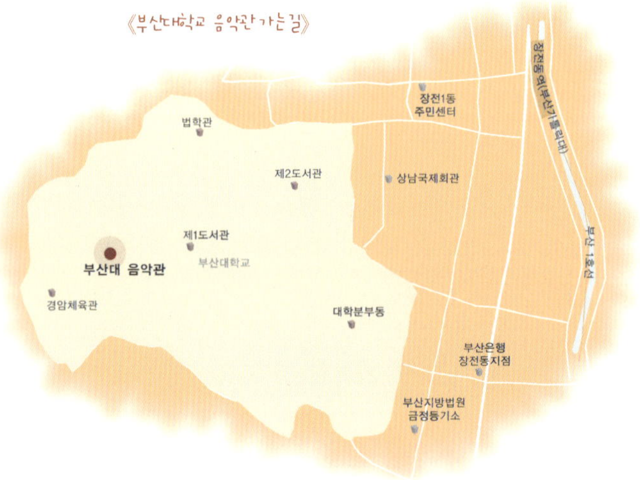
장전동역(부산가톨릭대)
부산 1호선
장전1동
주민센터
법학관
제2도서관
상남국제회관
제1도서관
부산대 음악관
부산대학교
경암체육관
대학분부동
부산은행
장전동지점
부산지방법원
금정등기소

내부공간도 인문관의 재해석을 시도하고 있다

맺음말: 건축, 詩로 쓰다

아마 눈치 빠른 독자는 벌써 이 책의 비평방법론을 알아차렸을 것이다. 시를 통해 상큼한 건축이론을 추출하여 이를 건축비평에 사용하고 있음을. 다음의 것은 전통의 재활성화의 개념을 시로부터 뽑아낸 경우다. 에피소드 1의 경우다.

> … 주네브 시계장수 말씀이 하도나 좋아
> 그 수만 개 귀뚜라미 수풀 같은 시계들 중에서
> 때 맞추어 '꼬끼오' 수탉 소리도 내시는
> 울음 좋은 회중시계를 하나 사서 차고 가나니.
>
> 인제는 벌써나 저승에 드신
> 우리 무애 양주동 교수도 '됐다' 하시겠군
> 시간되면 조끼주머니에서 찌르릉 울어대던
> 회중시계만 믿고 살던 양주동 교수
> 너무나 싼 강사료 많이나 해 살아보자고
> 다음 강의에 늦을 새라, 찌르릉 우는 회중 믿고 살았던
> 무애 양주동 교수도 '썩 잘됐다'하시겠군.

이 시의 제목은 「'꼬끼오' 우는 스위스 회중시계」다. '찌르릉'우는 회중시계만으로 영원히 기술의 토착화, 또는 기술전통 재활성화를 이루지 못할 것 같은 급박함 속에서 「'꼬끼오' 우는 스위스 회중시계」를 만났다는 것은 우리의 것으로 기술전통 재활성화를 이루는 것이 가능하다는 사실을 함축한다. 건축에서의 전통의 재활성화란 무엇인가? 서구식 건축은 '찌르릉' 울게 하고 우리 것은

꼬끼오 하고 울게만 하면 된다. 설사 서구의 건축기술로 만들었다 할지라도 우리의 정서에 맞는 것이 곧 우리의 것이자, 전통건축 재활활성화인 것이다. 건축에서의 전통재활성화 이론을 전개시키기 위해서는 적어도 논문 수십 편을 써도 제대로 알기 어려울 것이다. 그러나 시 속에서라면 전통건축 재활성화가 무엇인지 쉽게 알 수 있기도 하다. 그러나 시를 대입한 전통건축 재활성화가 쉽지만은 않다. '수 만개의 귀뚜라미 수풀 같은 시계들 중에서' 꼬끼오 하고 우는 스위스 회중시계를 발견하기란 참말로 어렵다는 사실을 위의 시를 통해 알 수 있다. 그러나 좋아하는 이의 즐거워하는 모습을 보기 위해서라도 우리는 험난한 전통건축 재활성의 길을 걸어야 한다.

에피소드 2의 경우도 1과 유사하다. 도시재생의 개념을 아래 두 시에서 가져온다.

> … 저어 방을 한 칸 얻었으면 하는 데요.
> 일주일에 두어 번 와 있을 곳이 필요해서요.
> 내가 조심스럽게 한옥 쪽을 가리키자
> 아주머니는 빙그레 웃으며 이렇게 대답했다.
> 글씨, 아그들도 다 서울로 나가불고
> 우리는 별채서 지낸께로 안채는 비기는 해라우.
> 그라제마는 우리 집안의 내력이 짓든 데라서
> 맴으로는 지금도 쓰고 있단 말이요
> 이 말을 듣는 순간 정갈한 마루와

마루 위에 앉아 계신 저녁햇살이 눈에 들어왔다.
세놓으라는 말도 못하고 돌아섰지만
그 부부는 알고 있을까
빈방을 마음으로 늘 쓰고 있다는 말 속에

내가 이미 세들어 살기 시작했다는 걸."
… 저기서 여기로
… 움직이는 건
거룩하다
삶과 죽음이 같이 움직이기 때문이다
욕망과 그 그림자 · 슬픔이 같이 움직이기 때문이다
나와 한없이 가까운 내 마음
나에게 한없이 먼 내마음이
같이 움직이기 때문이다
바깥은 가이없고
안도 가이없다
안팎이 같이 움직이며
넓어지고 깊어진다
몸이 움직인다.

"내력이 짓든 데라서 맴으로는 지금도 쓰고 있단 말이요." 첫번째 시를 통해 집이란 단지 현재 살고 있는 사람만 거주하는 곳은 아님을 알 수 있다. 그곳은 곧 세대로부터 세대를 통해 한 덩어리로 상호관입된 정신세계를 형성하고 있음을 알 수 있다. 이를 반영하는 시 구절이 바로 이것이다. "…정갈한 마루와 / 마루 위에 앉아 계신 저녁햇살이 눈에 들어왔다./…빈방을 마음으로 늘 쓰고 있다는 말 속에 / 내가 이미 세들어 살기 시작했다는 걸." 상기의 구절들을 통해 집안의 내력, 즉 전통 혹은 대물림의 의식세계 안으로 시인도 참여했다는 것을, 즉 시인도 움직임에 동참했다는 것을. 그래서 "/ 저기서 여기로 / 움직이는 건 / 거룩하다 / 삶과 죽음이 같이 움직이기 때문이다 / … 나와 한없이 가까운 내 마음 / 나에게 한없이 먼 내마음이 / 같이 움직이기 때문이다 / 바깥은 가이 없고 / 안도 가이없다 / 안팎이 같이 움직이며 / 넓어지고 깊어진다 / 몸이 움직인다." 먼 내 마음과거와 가까운 내 마음현재이 같이 움직이면서 넓어지고 깊어진다미래. 과거, 현재, 미래가 상호관입해 혼들 덩어리가 되어 넓어지고 깊어진다. 이것이 바로 몸이 움직이는 것이다. 몸의 움직임은 곧 대물림의 의식세계가 넓어지고 깊어짐을 의미한다. 이것이 바로 지속가능개발이요. 도시재생인 것이다. 도시재생은 바로 몸의 움직임이다. 도시재생에 관한 이론이 인문학적 상상력으로부터 바로 나올 수 있음을 단적으로 보여주는 예다.

에피소드 3에서는 건축물을 해석하는데 결정적으로 기여한 것이 황동규 시인의 「꽃의 고요」다. 여기서 필자가 발견한 것은 침묵에 익숙한 이에게는 침묵이 침묵이 아니라 소리의 일부라는 점이다. 이점에 착안하여 에피소드 3을 풀어나갔다.

… '꽃 지는 소리가 왜 이리 고요하지?'

꽃잎을 어깨에 맞고 있던 불타의 말에 예수가 답했다.

'고요도 소리의 집합 가운데 하나가 아니겠는가?'

꽃이 울며지기를 바라시는가,

'왁작지껄 웃으며 지길 바라시는가?'

'노래하며 질 수도…'

'그렇지 않아도 막 노래하고 있는 참인데'

말없이 귀 기울이던 불타가 중얼거렸다.

'음 후렴이 아닌데!'

에피소드 4를 풀어나가는 데 결정적인 기여를 한 것이 시인 정현종의 「그 두꺼비」라는 수수께끼 같은 시다. 거북이 위에 지어진 암자를 보자, 「그 두꺼비」라는 시가 생각이 났다. 동시에 타자화 된 이미지들이 자꾸 드러났다. 아마 바위의 형체들이 무엇을 닮아있었기 때문이리라.

여름날 죽령산 잣나무숲

이끼 낀 바위 위에 웅크리고 있던

참 오랜만에 본 갈색 두꺼비.

내가 엎드려 들여다봐도

태평인지 숨은 건지 끄덕도 하지 않던

한 神出 - 자연만큼 깊고 두툼한 등허리.

그 흑갈색 등허리에 어려 있던

숲 그늘, 흙냄새, 계곡물소리.

갖은 곤충들과 풀잎과 하늘.
그 등허리에 깊은 색깔 속에 선명하던
또 저 무한 천체들……

그 두꺼비 등에 올라 나는
오늘 기운을 좀 차리이느니

에피소드 5의 건축물을 해석하는데 결정적 기여를 한 것은 시인 김기택의 시, 「신생아 3」이었다. 이 시를 통해 '임'being과 '됨' becoming의 구분이 선명해졌다. "아기의 맑은 울음소리 / 시냇물 소리로 듣는다 / 바람소리로 듣는다 / 어두운 귀 열어 / 그 원시림을 한껏 들이쉬니 / 사각의 아파트 실내가 문득 / 깊어지고 울창해진다."

에피소드 6에서는 시를 사용하지 않았고 하이데거의 사역fourfold 과 세인das Mann의 개념을 사용하였다. 일상성에 갇힌 세인들에게 땅, 하늘, 신, 인간의 상호관입을 통해 세계를 열어 보인다는 것은 다분히 시적 발상이다.

에피소드 7에서는 시인 최하림의 시, 「억새풀들이 그들의 소리에」에 묘사된 현상학적 경험, '악수를 할 경우 내 손이 상대방의 손을 잡았는지 상대방이 내 손을 잡았는지 구분할 수 없는 경험' 을, 더 나아가 우주 속에 내가 있는지 내 속에 우주가 있는지 구분할 수 없는 경험을 건축물에다 적용시켜보았다. 꽤 어려운 개념이

지만 아래의 시 구절들을 통해 쉽게 건축적으로 전달되었으리라
믿는다. "…쓰르라미 같은 것들이 발끝까지 젖어서 / 쓰르르 쓰르
르 울고 있다 감각은 / 끝을 모르고 흘러간다고 할 수 밖에 없다"

'건축은 시'라는 말을 자주한다. 허나 그것이 왜 시인지 구체적
으로 밝힌 이는 필자가 알기로는 아무도 없다. 우리는 일곱 개의
건축 에피소드를 통해서 시가 건축물의 개념으로 확실하게 작용
하는 사례를 볼 수 있었다. 시는 일반 건축적 개념을 뛰어 넘는 야
생적 감수성을 지닌다. 그런 감수성의 덕을 입은 건축작품이나 이
론비평작품 또한 야생으로 살아있는 것은 당연할지 모른다.

건축, 詩로 쓰다

건축, 詩로 쓰다